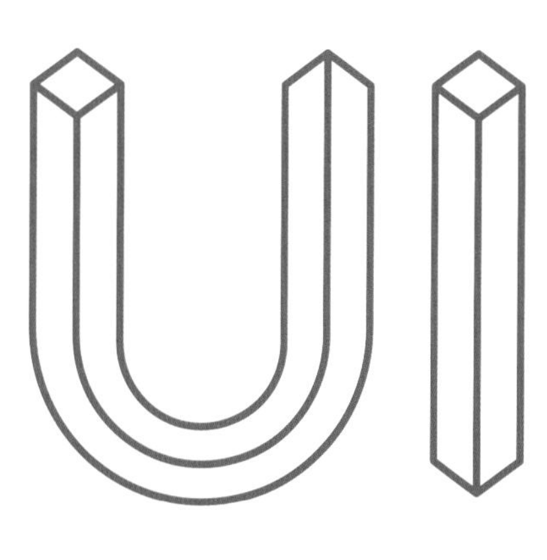

那些事儿

新手设计师的成长之路

海盐社◎编著

清華大學出版社
北　京

内 容 简 介

本书通过理论讲解和案例分析，详细介绍了初级UI设计师必须掌握的基础知识，分享了作者在工作中的实践经验。第1章“移动端组件的认识与运用”主要介绍常用组件的特性及使用场景；第2章“能力效率提升”主要针对日常工作、学习中遇到的问题和瓶颈，分享相关的解决方案；第3章“设计理论与实践”主要介绍一些设计领域内实用的理论知识，帮助大家理解优秀设计的内部规律；第4章“工作困惑”针对UI设计师在不同工作阶段遇到的困惑，提出具体可操作的建议。

本书适合UI设计领域从业者、爱好者阅读，也适合平面设计、网页设计等相关专业的学生阅读。

图书在版编目(CIP)数据

UI那些事儿：新手设计师的成长之路 / 海盐社编著. —北京：清华大学出版社，2019
ISBN 978-7-302-53093-0

Ⅰ. ①U… Ⅱ. ①海… Ⅲ. ①移动终端—应用程序—程序设计 Ⅳ. ①TN929.53

中国版本图书馆CIP数据核字(2019)第102162号

责任编辑：张 敏 杜 杨
封面设计：杨玉兰
责任校对：徐俊伟
责任印制：杨 艳

出版发行：清华大学出版社
网 址：http://www.tup.com.cn，http://www.wqbook.com
地 址：北京清华大学学研大厦A座 **邮 编**：100084
社 总 机：010-62770175 **邮 购**：010-62786544
投稿与读者服务：010-62776969，c-service@tup.tsinghua.edu.cn
质 量 反 馈：010-62772015，zhiliang@tup.tsinghua.edu.cn
印 装 者：三河市铭诚印务有限公司
经 销：全国新华书店
开 本：170mm×230mm **印 张**：20.5 **字 数**：408千字
版 次：2019年9月第1版 **印 次**：2019年9月第1次印刷
定 价：99.00元

产品编号：082435-01

推荐序

当你正式踏上用户体验设计这条路的时候，你面前就会有两大障碍：一，面对产品经理给的原型图，无从下手，彻彻底底地变成一个美化工作者，导致工作质量和效率一直无法提升，在团队面前没有任何话语权；二，面对各种各样的理论、原则、规范，疑惑到底哪个才是最重要的？应该如何去把它们跟实践结合起来？如何去一个个攻破它们？以往设计知识匮乏，但现在的设计环境已经变了，面对铺天盖地的经验和教程，哪些才是真正能够对新手设计师有帮助的呢？

海盐社是由一群在UI中国非常活跃且非常优秀的设计师组成的团队。他们从新手设计师逐渐成长为高级设计师，一步一个脚印，基于自己的工作经验积累和外文基础，发布了大量的原创和自译文章，收到了几十万会员的点赞和收藏。

而这本书，就是他们在实践中逐步提炼出来的经验总结。

我相信，他们是一群最了解新手设计师成长经历的人。我也希望，这本书能够给新手设计师带来更多的价值，帮助新手设计师快速提升自我！

董景博

UI中国用户体验设计平台创始人、CEO

前言

我们的初衷

随着移动端的变革，UI设计行业已经从新兴期逐步进入成熟期，UI设计师已经不再是稀缺性人才，行业门槛也变得越来越高。有幸的是，2016年我们在“海盐社”相遇。初期我们只是想提升自己对知识的巩固和整理能力，坚持着每周一篇文章的分享交流。然而我们惊喜地发现，我们的分享被越来越多的人关注、转发、点赞。这让我们可以很好地解答每个读者的问题，同时也使我们自身对知识的了解更加深入，对我们来说这是意外的提升。通过不断收集读者反馈我们发现，我们的文章可以帮助到一些刚入行的UI设计师。将自我提升的分享优化为可以帮助新设计师的经验总结，便有了现在的这本书。

我们的亮点

对于出书，我们初期也是犹豫再三，因为市面上的设计类书籍以大厂出品居多，书中的内容也十分优秀，可它们对于部分初级的设计师来说，实践时会存在很多的阻碍。所以我们觉得，应该有一本让更多初级设计师可以用到的书。我们并非来自大厂，相反都是在创业公司中混迹的设计师。为了让自己不断提升，我们努力沉淀着经验；为了让初级设计师少走弯路，我们把曾经碰到的问题逐个道来，由浅入深地和大家讲讲UI设计那些事儿。

本书的结构

第1章“移动端组件的认识与运用”，主要是对入行不久的设计师做一个基础知识的普及，带你深入理解常用组件的特性及使用场景，快速降低错误使用的概率。

第2章“能力效率提升”，主要介绍当我们在日常工作、学习中遇到问题和瓶颈时，可以通过哪些方法来解决。而为什么相同的方法，不同的人使用起来却相差甚远，我们也会对这个问题的根源进行剖析。

第3章“设计理论与实践”，主要介绍设计领域实用的理论知识，帮助大家理解优秀设计的内部规律，让你在展示方案时更具说服力。

第4章“工作困惑”，针对设计师在不同工作阶段遇到的困惑，我们分享了自己的建议。对照我们的建议，结合自身的经历去思考、运用，相信你能有进一步的收获。

参与本书编写的作者有吴萌、付铂璎、姜正、刘芳。这是我们四位设计师第一次写书，我们基于公众号中的精选文章加以精修，无论文字还是案例都会是全新的体验，希望可以真正帮助大家在设计工作中解决更多的困难。

目 录

CONTENTS

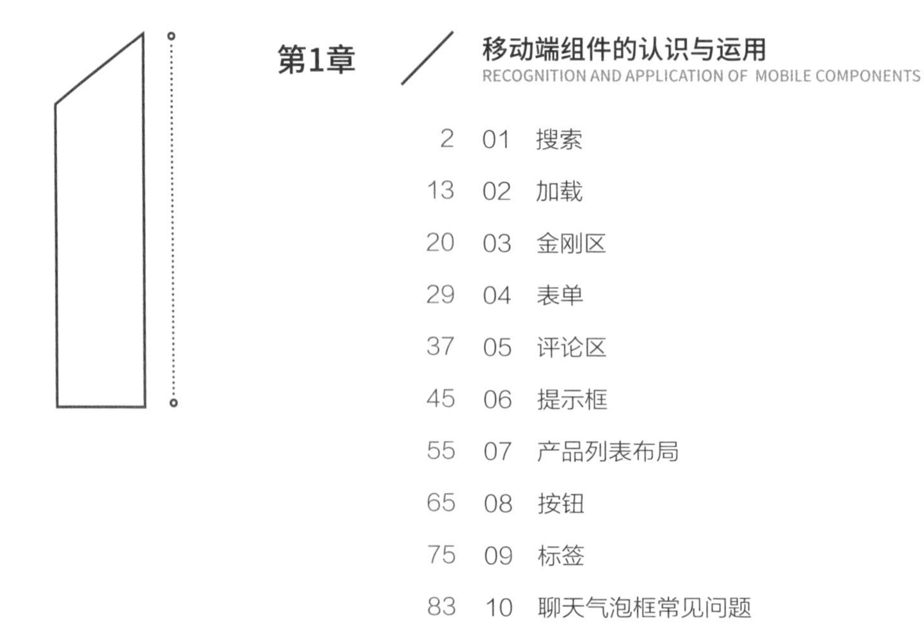

第1章 移动端组件的认识与运用

RECOGNITION AND APPLICATION OF MOBILE COMPONENTS

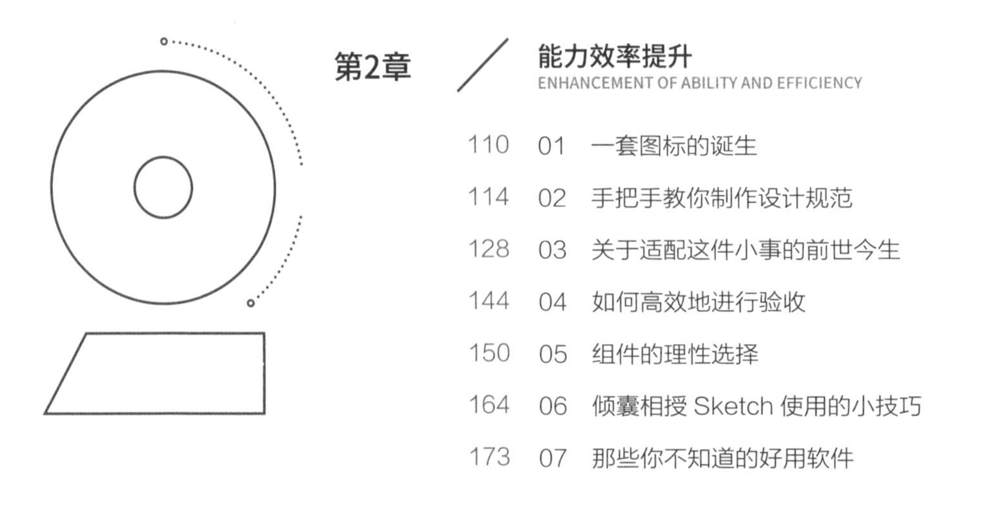

第2章 能力效率提升

ENHANCEMENT OF ABILITY AND EFFICIENCY

第3章 设计理论与实践

DESIGN THEORY AND PRACTICE

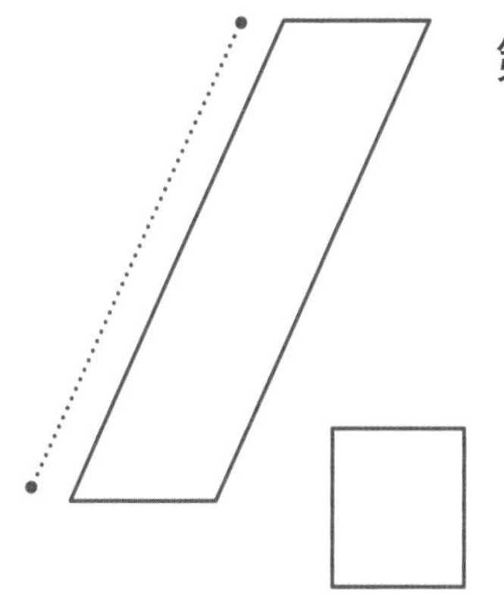

第4章 工作困惑

WORK PERPLEXITY

第1章

/

移动端组件的认识与运用

01 搜索

文 / 付铂璎

目前，搜索是每个应用产品不可缺少的一部分，同时也是用户经常使用的功能。一个好的搜索设计能够提高转化率，提升用户体验。下面来看看搜索设计的一些套路。

搜索入口的设计样式

搜索入口的设计与搜索功能在产品中的位置密切相关，不同的应用场景所使用的搜索入口样式也是不同的，下面介绍四种常用的搜索入口样式。

1. 底部标签栏入口

把搜索功能作为底部标签栏中的一个功能模块，适合将搜索作为重要流量入口的App，同时也可以与其他的功能模块入口相结合，如下图所示：

App Store

布卡漫画

“布卡漫画”就是把搜索和其他小的功能模块入口相结合，如热榜、VIP专区等。底部搜索入口本身并没有搜索功能，因此常常会与搜索框样式相结合使用。

2. 搜索框导航入口

这是常见的展示形式之一，将搜索入口以输入框的形式放置在导航栏中或者导航栏下方，有些应用即便界面向上滑动时，搜索框仍会吸顶显示，方便用户随时操作（是否吸顶显示要根据搜索功能在应用中的权重而定），如下图所示：

花瓣

即刻

搜索框导航入口除了必须要有的输入框外，还需要一个搜索图标给予用户提示。目前很多应用也会利用搜索框内的区域显示预设文案，作为提示用户的关键词，也可以作为运营的入口来展示。

3. 搜索图标入口

这同样也是常用的搜索方式，常见形式是将一个放大镜的图标放在导航栏的右侧。相对上面提到的搜索框，它在视觉引导上略逊一筹，但节省了导航栏的空间，让导航栏可以为用户提供更多的功能，适用于搜索权重不高的应用中。当然也有特别的搜索图标方式，例如自如，同样是搜索图标，由于不同的位置和层级变化，入口变得更加突出，如下图所示：

自如

TIM

4. 隐藏的搜索入口

为了让用户更多地使用桌面提供的快速入口，一些设计中的初始界面将搜索功能隐藏，滑动界面时才会出现搜索功能。例如iPhone手机解锁后的界面是各个应用入口，当向右滑动时，隐藏的搜索入口才会出现，如下图所示：

iPhone

搜索方式

搜索方式就是我们通常会用哪些方法去搜索要找的东西，下面介绍三种常用的搜索方式。

1. 文字搜索

文字搜索是主要且常用的搜索方法，通过在输入框中输入关键字进行精准搜索。当点击输入框时，激活输入键盘，如下图所示：

网易新闻　　36氪

2. 语音搜索

语音搜索不仅提升了搜索的便利性，也解决了老人和不会拼音的人群的问题。另外，在音乐类App中语音搜索功能得到了更好的运用，无论是在街边商场还是酒吧，当我们听见喜欢的歌曲时，可以用语音搜索功能进行歌曲识别，随时找到这首歌曲的名字，如下图所示：

网易云音乐

3. 图像搜索

借助图像识别技术，图像搜索也得到了广泛的应用。例如，我们可以通过对图片进行拍照搜索到有关它的信息或者是和它相似的图片；还有电商应用中常用到的，对于无法准确描述的商品，可以通过图像搜索找到该物品。蘑菇街中就可以通过对现实物体拍照来找到想要的物品，如下图所示：

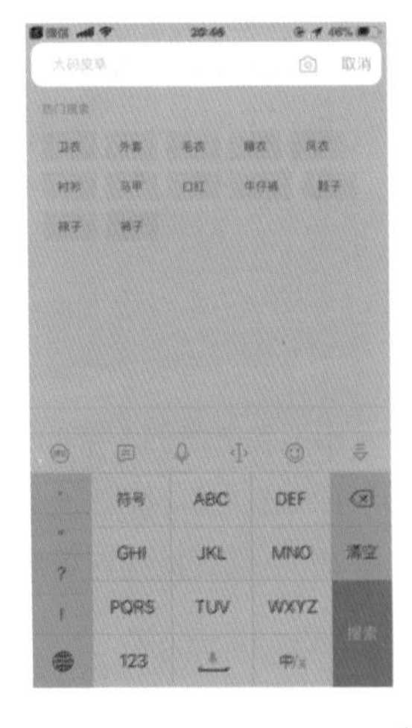

蘑菇街

搜索的辅助功能

基于用户不同的搜索场景，需要给出不同的搜索辅助，一个好的搜索辅助，会让用户爱上你的应用。下面就来介绍五种常用的搜索辅助功能。

1. 热门搜索

热门搜索常见于搜索量比较大或者运营人员想让用户搜到的信息，同时给那些无目的的用户更多的选择，如下图所示：

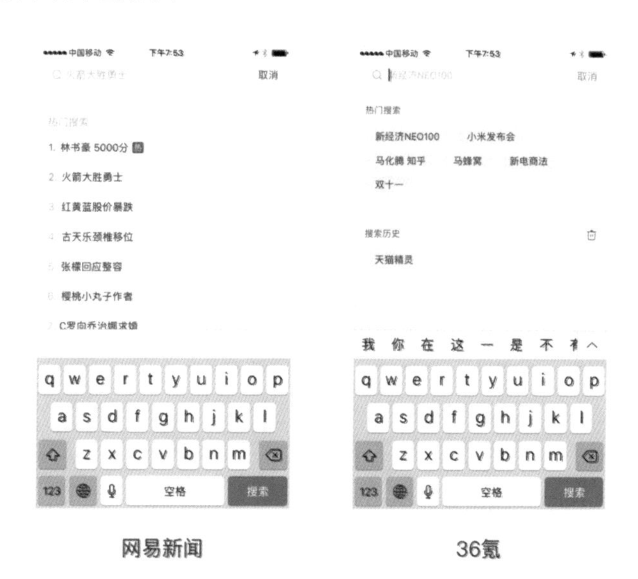

网易新闻　　　　36氪

2. 搜索历史

通过搜索历史，用户可以看到自己每次查找的记录，方便再次查看，如下图所示：

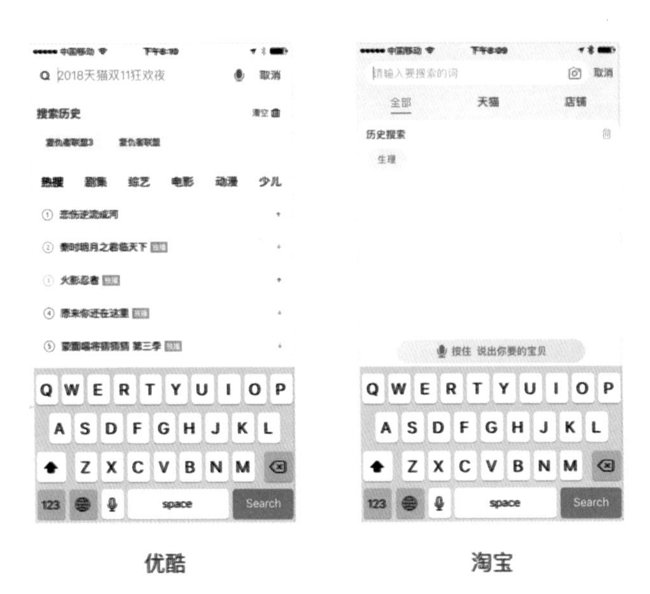

优酷　　淘宝

3. 猜你喜欢

猜你喜欢根据收集的用户记录为用户提供相关的内容，减少用户的思考时间，同时也为用户带来贴心的感觉，如下图所示：

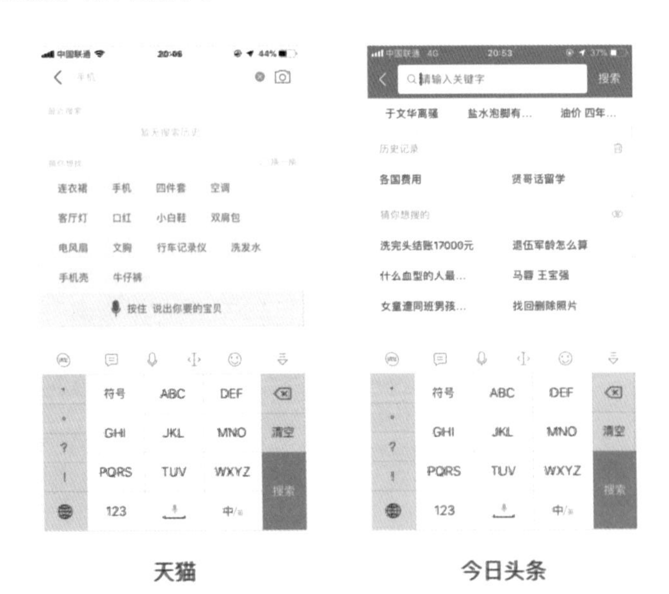

天猫　　今日头条

4. 递进式搜索

递进式搜索通过点击系统提供的辅助字段，逐渐缩小搜索范围，对输入模糊关键字的用户也提供了很好的提示，使其更快地找到目标，如下图所示：

淘宝

5. 类别搜索

当应用中涉及搜索内容的信息较多时，可以添加类别搜索功能，让用户先选择类别，然后再进行搜索，可以更快更精准地搜索到相关内容，如下图所示：

优酷　　自如

搜索结果展示形式

从搜索结果来看，依然有很多种展示形式，如文字、图片、模块、视频等。了解不同样式后，可以根据不同的应用类型来选择合适的搜索结果的展示形式。

1. 文字类

文字类主要以文字描述展示搜索结果，多用在新闻类、音乐类应用上。因为用户搜索的是关键字或歌曲本身的名字，图片对用户来说意义并不大，如下图所示：

36氪　　　　QQ音乐

2. 图片类

图片类主要以图片展示为主，用户会因为看到感兴趣的图片点击查看，所以多用在购物、资讯、电影等应用中，如下图所示：

每日优鲜　　　　小红书

3. 模块类

模块类主要用于包含多类别的应用，例如在得到App上进行搜索时，输入“人类简史”会发现有两个类别，一个是电子书，一个是课程。所以对于多类别的应用，我们应该扩大搜索范围并分类别展示，让用户可以通过分类更准确地查找想要的信息，如下图所示：

得到　　　　猫眼

4. 视频类

下面要说的比较特殊，通常只有在视频类的应用中出现。因为用户搜索视频的目的较为明确，同时搜索出的结果也不会多样化，所以在此界面可放入更多的操作按钮方便用户进行选择观看，如下图所示：

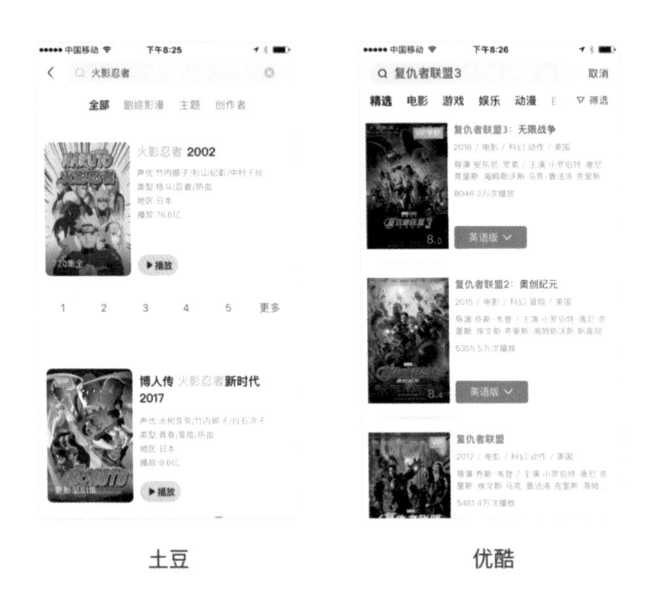

土豆　　　　优酷

画重点

（1）搜索入口的设计样式：搜索入口的设计需要根据搜索功能在产品中的位置而定，不同的应用场景所使用的搜索入口样式也是不同的，常用的四种为：底部标签栏入口、搜索框导航入口、搜索图标入口、隐藏的搜索入口。

（2）三种常用的搜索方式：文字搜索、语音搜索、图像搜索。

（3）五种搜索的辅助功能：热门搜索、搜索历史、猜你喜欢、递进式搜索、类别搜索。

（4）四种搜索结果展示形式：文字类、图片类、模块类、视频类。

通过上面对搜索功能的分析可知，无论在哪个阶段，都要对应用本身的适用人群、类型、功能权重等进行多维度分析，才能设计出更合理的搜索。所以搜索样式的本身没有好坏之分，在不同的场景下，选择最合适的形式才会提升搜索体验，让用户搜索得更快、更准。

02 加载

文 / 付铂璎

加载的作用是及时向用户反馈当前的系统状态，缓解用户的等待焦虑，以提升产品的用户体验。但设计师经常会忽略加载界面的重要性，其实不同的加载对缓解用户焦虑、提升用户体验有何不同，还是我们需要深度了解的。

什么是加载?

用户在客户端的界面上进行操作，客户端发送请求到服务器，服务器处理请求，返回数据并显示给用户。这一过程称为加载，简单说就是用户与产品每次互动时的等待时间。还要说明一点，加载和缓存是有区别的，缓存是主动的，加载为被动的。

加载的设计样式

1. 状态栏加载

状态栏加载是系统默认的配置加载样式。通常在网络不好时，手机顶部会出现的加载样式如下图所示：

状态栏加载

2. 导航栏加载

将导航栏标题临时变成加载信息的文字提醒，当收取信息时标题栏展示“收取中”等正在加载提示，加载成功则提示消失，若因为网络错误未连接服务器，则在标题栏显示未连接状态，如下图所示：

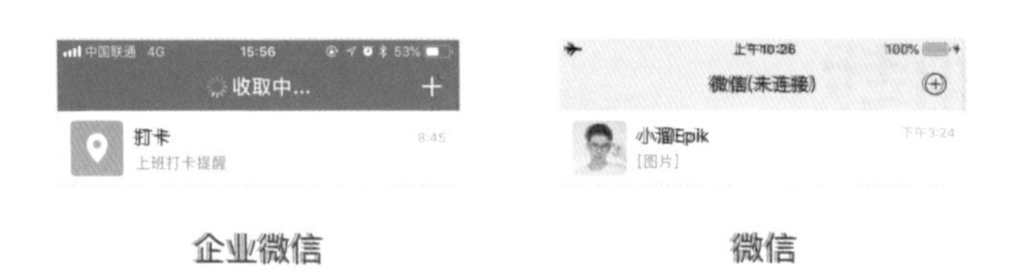

企业微信　　　　微信

使用场景：多用于社交类产品，这类信息的收取不需要获取用户的视觉焦点。

3. 下拉刷新加载

下拉刷新已经在App中被普遍应用，保证了用户既可以看到本地的内容，也可以选择主动下拉对当前内容进行更新，加载的样式也可以做出进一步的设计。例如，美团就运用了产品形象作为刷新的样式，增加了品牌形象的宣传，使得加载过程更加情感化、人性化、品牌化。还有新版的美团外卖加入了红绿灯的小动效，时刻提醒人们红灯停、绿灯行，如下图所示：

美团　　　　美团外卖

使用场景：界面信息可以刷新加载时使用，多用于含有列表的界面当中。

4. 上拉加载

这是最常用的加载，当用户想查看新的数据时，通过上拉界面自动加载出数据的过程称为上拉加载。上拉加载的设计样式越简单越好，因为用户在看当前界面的内容时，下面未显示的部分内容已加载完毕，加载提示会很快消失，所以不必设计过于复杂的样式，如下图所示：

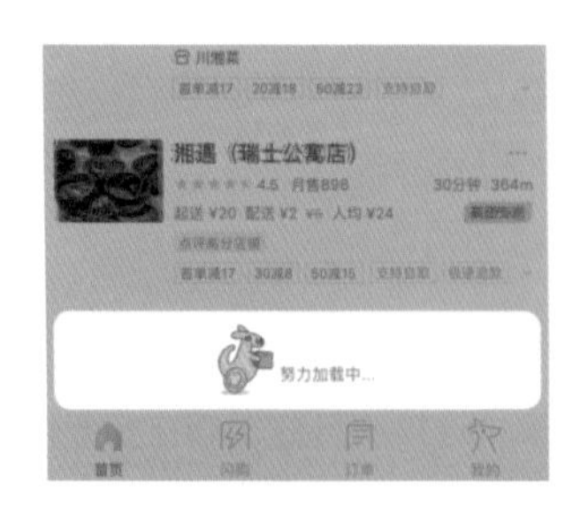

美团外卖

网易新闻

使用场景：瀑布流、列表等情况。

5. 进度条加载

如果加载的过程耗时较长，就需要用进度条加载样式来告知用户需要等待的时间进度，让用户有一定的心理准备，如下图所示：

美团　　　　美团外卖

使用场景：多见于浏览器，包括PC端和移动端浏览器。App中的页面如果是用H5形式做的，多数都会采用进度条进行加载。

6. Toast加载

当用户执行某个操作时，为了防止用户继续操作导致数据加载失败，则用Toast的样式提示正在加载，在这段时间内用户的操作将受到限制。这种情况用户一般只能执行返回到上一级的操作，其他都被禁用，如下图所示：

飞猪　　　　天猫

使用场景：关键性场景中，防止用户进行多余的操作。例如登录、注册、提交信息、支付等。

7. 白屏加载

如果当前页面内容比较单一，需要一次加载完成才能显示，则采用白屏加载模式。这种加载方式在完全加载完成之前是看不到任何内容的，所以一旦时间太久一定要提示用户是什么原因加载失败（可以配合Toast弹窗提示），而不是一直加载。也可以将等待图标做得更有趣味性，减轻用户的等待焦虑，如下图所示：

酷家乐　　马蜂窝

使用场景：页面跳转时，用白屏加载。

8. 预设图片加载

加载时，为了不让加载出的布局显得太空，会用logo或者预设图片来填充，加深用户对品牌的认知。大家或许会有这样的疑问，为什么同样是图片加载不直接用展示图，而先用预设的图片呢？那是因为预设图通常是由前端代码写的，调用起来会比较快，而产品图是需要从后台数据库调用的，比较慢。再有就是为了提升品牌的认知度，如下图所示：

优酷　　天猫超市

使用场景：当页面的布局固定时，常采用这种刷新样式，也多用于图片多的界面。

9. 色块加载

首先我们要知道同样大小的色块加载要比图片快很多，因为纯色色块是可以直接用代码写出来的，调取一段代码的速度比调取一张图片的速度快很多，所以在图片刷新的过程中，将未加载出来的内容区域用色块填充，在加载过程中有很好的连贯性。当然运用这种形式的加载是有条件的，需要内容框架是固定的，如下图所示：

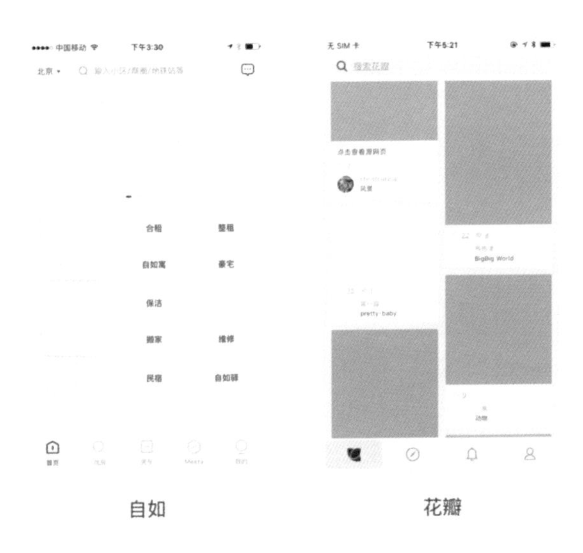

自如　　花瓣

使用场景：内容框架固定的前提下使用。

10. 模糊加载

把预加载出来的图片进行高斯模糊处理，通常人们对这类似有似无的图片都会给予极大的耐心去等待，这种方案成功引起了用户的好奇心，减缓了用户的等待焦虑，如下图所示：

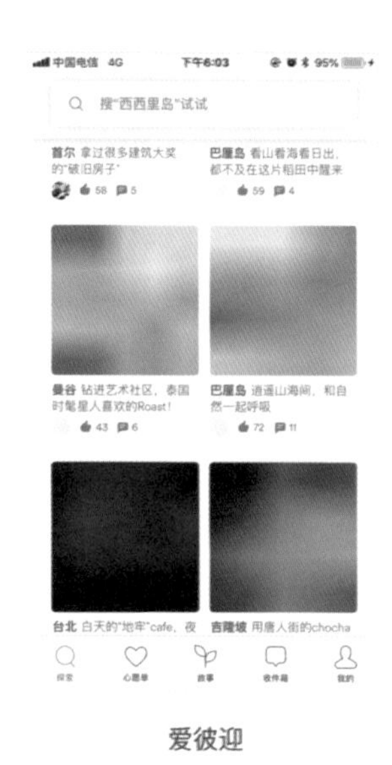

爱彼迎

使用场景：多图的界面中。

加载方式

1. 预加载

预加载就是当用户在浏览A页面时，加载并未停止，而是在悄悄地为用户加载B页面中的内容，当用户继续看B页面时就体会不到加载的过程，用户不存在等待的焦虑问题。当然凡事有利必有弊，如果服务器为用户提前准备了将要看的内容，用户却看了其他界面或者退出了，那这次的加载既增加了服务器的压力，又浪费了用户的流量。

2. 懒加载

懒加载和预加载刚好相反，只加载用户可以看到的内容，其他内容需要用户主动进行操作，向服务器提供需求后，才会自动加载。懒加载通常用在上划刷新和下拉刷新上。懒加载的速度要看界面中内容的多少以及图片的大小，所以我们在提供图片时都会进行一定的压缩，来加快加载的速度。

3. 智能加载

根据不同的网络状况选择不同的数据加载，通常用在3G/4G/Wi-Fi可切换的网络上。为了既让用户使用流畅，也不浪费没必要的流量，当Wi-Fi条件下，会优先选择高清视频或者高质量的音乐进行播放；当4G条件下，有些下载和更新的内容会被终止；而在网络不通的时候，视频质量会被降到最低。其实最终的目的就是为了保证用户使用时的流畅度。

4. 分步加载

当界面中图文同时存在时，会选择优先加载文字，图片则用其他的方式占位，最终等待图片加载完成。分步加载的好处是在等待加载的时间里用户可以看到相关的文字内容，不会像白屏加载或者Toast加载，用户只能默默地等待加载的过程。

画重点

（1）加载的定义：用户在客户端的界面上进行操作，客户端发送请求到服务器，服务器处理请求，返回数据并显示给用户。这一过程称之为加载。

（2）加载的设计样式：状态栏加载、导航栏加载、下拉刷新加载、上拉加载、进度条加载、Toast加载、白屏加载、预设图片加载、色块加载、模糊加载。

（3）加载方式：预加载、懒加载、智能加载、分步加载。

深入了解加载的样式和方式后，可以让我们在设计和交互中改善那些不合理的加载，从而提升产品的舒适度；也可以利用加载来做更多的设计，让加载变得更有趣味性，减少用户因等待产生的焦虑感。

03 金刚区

文 / 姜正

当我们设计首页，考虑页面布局细节的时候，可能最让人头疼就是金刚区的图标设计。在设计金刚区的时候，很多设计师往往不知道采取哪种样式能够更好地服务产品，面对这个头疼的问题，我们结合实际上线产品中金刚区的设计进行了归纳总结，分析它们的设计样式以及优缺点。

金刚区的定义

金刚区是指页面顶部 banner 之下的核心功能区，它会根据产品业务目标的变更进行调整，就像百变金刚一样灵活，所以叫作金刚区。金刚区多以排列的形式展现图标，一般情况一屏展示5~10个图标。

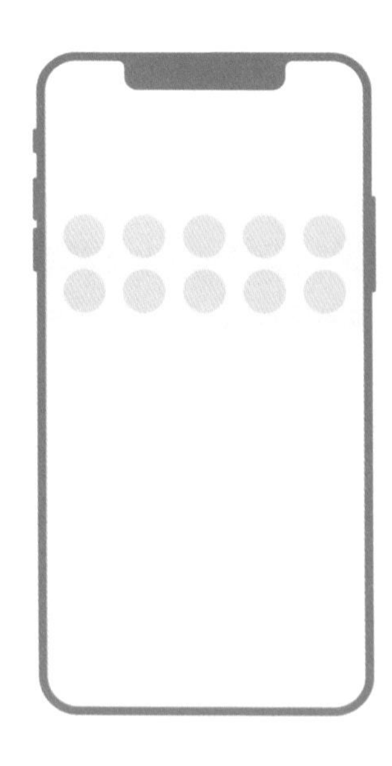

金刚区的作用

金刚区服务于整体产品，属于页面的核心功能区，其主要作用有两点：一是业务导流，为不同的业务模块进行引流；二是功能选择，为用户提供不同功能的服务。

金刚区的设计形式和优缺点

金刚区的设计形式一般是由“图标+文字”组成。我们以线上实际的产品为例，简单归纳一下当前主流的金刚区样式。

1. 面性图标

设计样式：面性图标是由外部轮廓和内部图形组成，外轮廓的图形一般选用圆形或者超椭圆作为背景图形，色彩上多会选用同类色处理成微渐变的形式。

淘宝

京东

优点：外轮廓选用了圆形或大圆角的图形，具有亲和力，容易吸引用户的注意力；色彩饱满具有质感，视觉冲击力强；内部图形与外轮廓组合方式多样化，能更好地适应业务变化。

缺点：对于相似的业务，图形相似，视觉辨识度低；对于复杂的业务，图形无法明确表达，需要使用文字代替图形，容易造成金刚区设计风格不统一。

2. 图形图标

设计样式：独立的图形设计，不需要外轮廓的衬托。

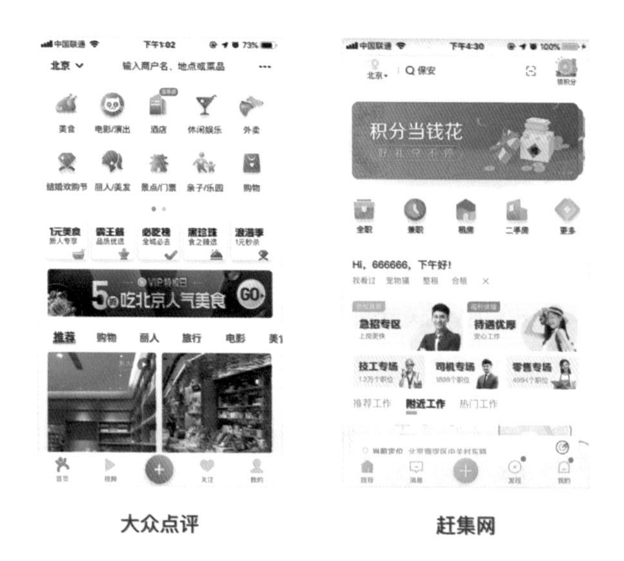

大众点评　　赶集网

优点：设计细节丰富，处理样式较多，例如渐变、图案纹理等；富有创意，能营造小的场景插画；设计样式多样，如扁平化、2.5D等设计样式。

缺点：对文字信息的依赖性强；图形、色彩等细节容易设计过度，造成复杂的图形和过度弥散效果。

3. 线性图标

设计样式：主要利用图形的结构线进行设计，色彩上基本以纯色为主，或者添加品牌色作为辅助色。

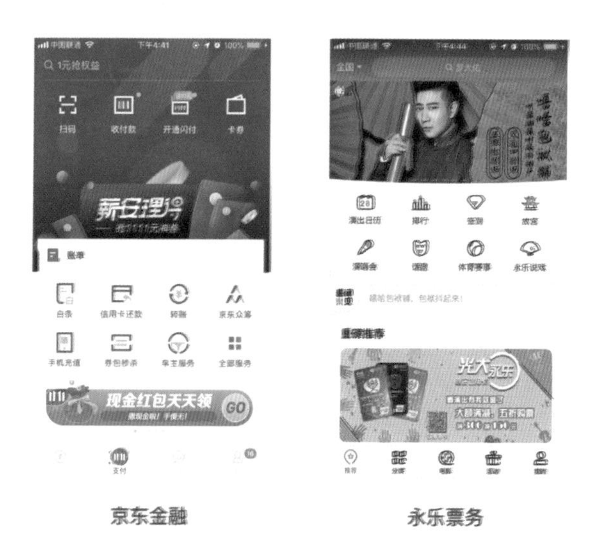

京东金融　　　　永乐票务

优点：设计上简洁干练，不易干扰用户进行其他操作。

缺点：在内容复杂的页面中视觉冲击力较弱；相比于面性图标色彩较为单调。

4. 线面结合

设计样式：在图形化的基础上添加轮廓结构线，色彩上简练干净，一般不会超过三种颜色。

下厨房　　　　闲鱼

优点：轮廓清晰，视觉冲击力较强；设计细节丰富，富有创意。

缺点：视觉层级烦琐，效果不易把握；视觉效果复杂，不够简洁；图形不统一，增加识别难度，较为依赖文字注释。

5. 实物展示

设计样式：多以当前主营业务具有代表性的商品为例，单独展示或者配合遮罩图形进行展示。

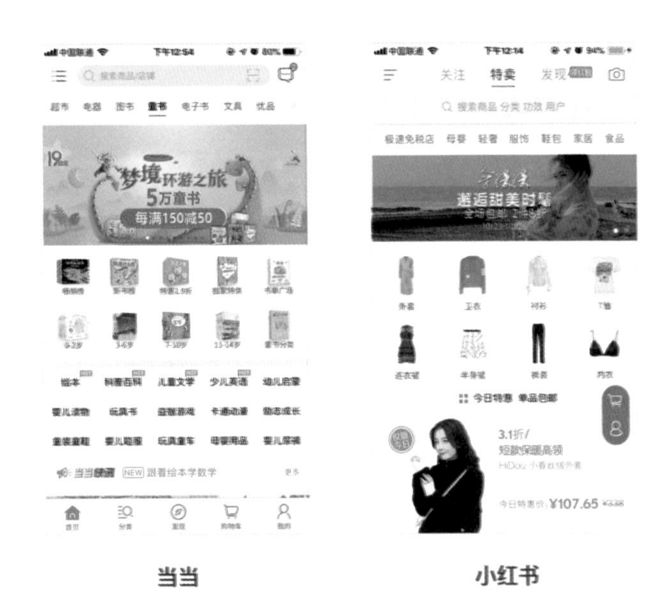

当当　　小红书

优点：主题明确，简单直接；使用商品展示，具有感染力。

缺点：纯商品图片展示，缺乏设计感且视觉重量不易把控和统一；商品图展示，容易误导用户，让用户感觉只是单一商品的售卖；展示立意单一，极其依赖文字注释；如果频繁更换商品图，会增加用户对于金刚区模块认知的学习成本。

6. 节日主题

设计样式：主要以当前的节日文化元素为基础进行设计，贴合节日氛围和自身的品牌属性。

京东　　百度外卖

优点：设计风格节日气氛浓重，满足用户当前的情感需求；设计细节精致，富有创意；视觉冲击力强；视觉上与当前运营主题设计风格统一，使整个界面在视觉上看起来更加融合。

缺点：贴近节日活动主题的图形设计较为复杂，功能的识别性较弱；由于图形设计主要以渲染气氛为主，所以图标极其依赖文字注释；时效性强，只针对节日活动前后的时间阶段。

7. 混合搭配

设计样式：主要以图标和图片为主进行混合排布，图片一般都会进行图形遮罩处理，使其与其他图标在视觉上相对统一。

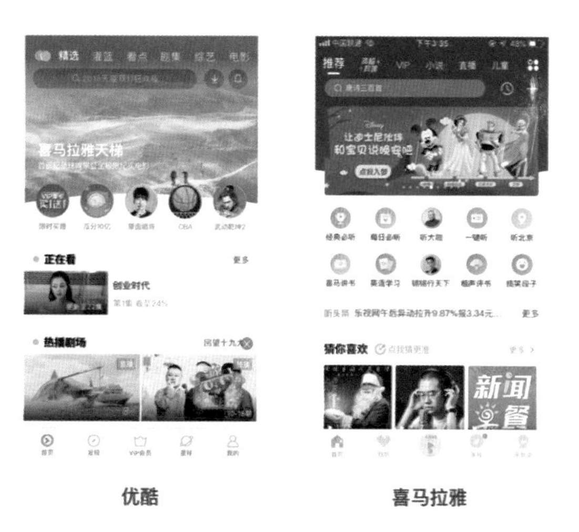

优酷　　喜马拉雅

优点：能够有效帮助产品推动当前的运营活动点击率。

缺点：图形和图片混搭容易造成视觉不统一；如果频繁更换运营活动，增加了用户的学习成本。

8. 运营文字

设计样式：以运营文案为主，结合当前的活动进行主题性的视觉创意设计。

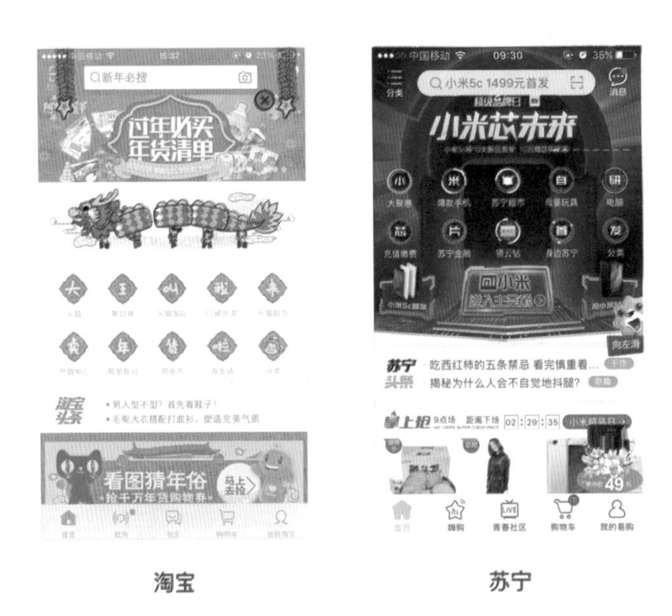

淘宝　　苏宁

优点：突出当前的运营活动主题，满足用户情感化的设计；运营活动的针对性强，能够直接突出主题；设计风格新颖，通常结合当前活动主题进行创意设计；细节丰富，视觉冲击力强。

缺点：品类功能的辨识度极低，对底部的文案依赖性强；时效性强，只限用于当前活动期间。

如何选择金刚区的样式

主流的金刚区图标设计样式分为两种：线性图标和面性图标。

通过归纳总结，我们发现大多数金刚区的属性可以分为两种：一种是功能性的金刚区，主要以展示产品的核心功能为主，为用户提供功能型的服务；另一种属于业务性的金刚区，主要以为各个业务导流为主。

在设计工作当中，可以根据实际的需求选择使用哪种设计样式。在这里我们需要参考所设计的金刚区的功能类型和功能数量两个参考维度。如果产品是功能性的且数量偏多，建议使用线性图标，因为线性图标视觉上更加安静沉稳，不会过多地干扰用户，使页面更加统一整体。例如支付宝首页的金刚区的功能较多，选用线性图标能使整个模块更加统一，用户可以根据自己的需求进行点击。

支付宝

如果是业务性的产品则更加适用于面性图标，因为面性图标视觉冲击力强，能够快速引导用户点击，完成业务导流的作用。常见的使用场景有淘宝、京东等电商平台。

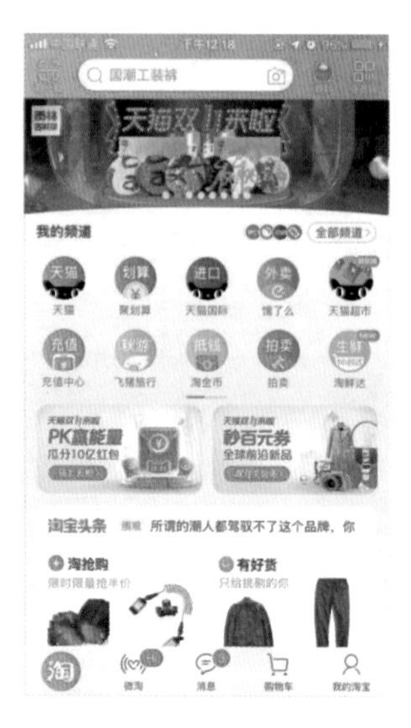

淘宝

淘宝、京东等电商平台资源品类丰富，金刚区需要担任为其他业务导流的作用，选择视觉冲击力较强的面形图标能够更好地吸引用户的注意力，引导用户点击选择。

画重点

（1）金刚区是页面的核心功能区，会根据产品业务目标的变更进行灵活调整。

（2）金刚区的主要作用是为产品的主营业务导流和辅助运营，以及为用户提供核心的功能服务。

（3）在选用金刚区设计样式的时候，我们主要参考的是功能类型和功能数量两个维度，产品偏重功能性且数量多的时候更适用线性图标，产品偏重业务性的话更适用面性图标。

参考资料

金刚区，瓷片区的叫法是怎么来的？ https://dwz.cn/kYrJejYF

04　表单

文 / 付铂璎

用App时每次遇到填写表单都会是一件头疼的事情，所以作为设计师，每次设计表单界面时也不可以忽略它的重要性。通过了解表单的基本组件样式和使用场景，将其运用到设计当中，在不同的情境下使用最合理的组件来搭建表单，可以让表单填写变得更轻松。

表单中的内容有很多，例如复选框、单选框、输入框、下拉选择、开关、分段控件等元素。表单对于用户而言是数据的录入和提交界面；对于网站而言是获取用户信息的途径。表单可以帮助我们通过采集更多的用户信息来给用户提供更贴心的服务。

移动端表单中的基本组件及使用场景

正确设计表单的前提则是了解表单中常用的组件以及它们的特性，以及在不同场景下如何选择表单组件。这里再次强调下，下文的组件讲的都是在表单中的运用。

1. 输入框

这是接受用户主动输入文本的区域，当用户主动点击输入区域时，会唤起键盘。输入完毕后，点击键盘的确认键，应用会自动根据输入的信息显示对应的内容，如下图所示：

豆瓣

大麦

当然，相比那些只需要点击或者滑动的组件来说，输入框对用户来说操作成本较高，所以我们在选择用输入框时，应该考虑是否还有其他方式能减少用户的操作成本，例如下拉菜单，可以直接选择其中的内容。

QQ下拉选择

2. 分段控件

分段控件来源于iOS规范，通常在单选项为2～5个的场景下使用，如下图所示：

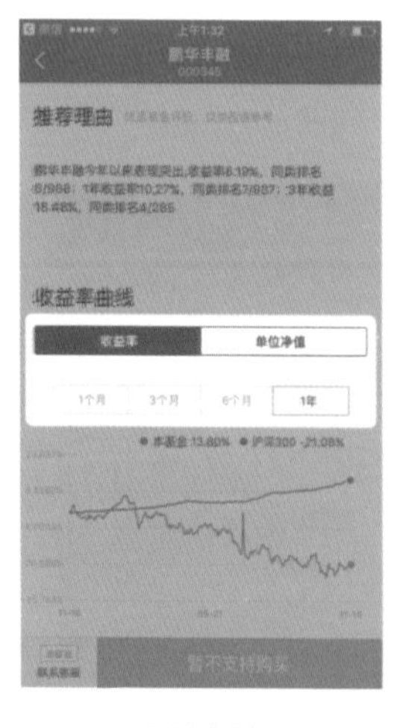

网易有钱

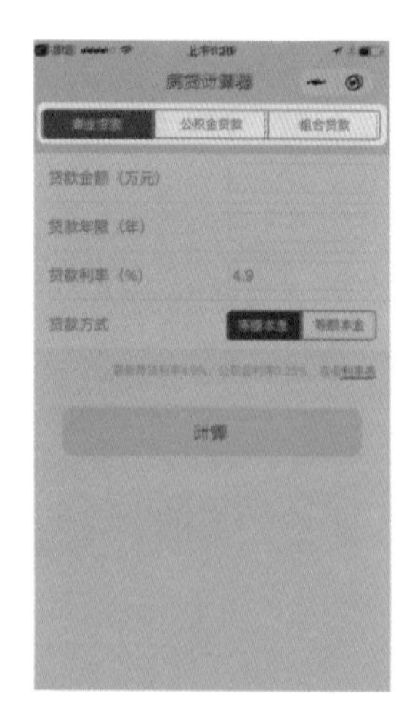

鲨鱼记账

在界面中分段控件起到分割和筛选同类数据的作用。另外，它可以把所有的选项都呈现给用户，用户可以快速地做出选择。交互部分需要注意的是，分段控件只能通过点击控件本身的分段来进行操作，不可横滑切换。

3. 状态切换器

状态切换器又称开关，是仿照真实的开关理念而设计的。选择开关的前提是需要两种简单且直接对立的选项。例如“开”和“关”，“显示”和“隐藏”，如下图所示：

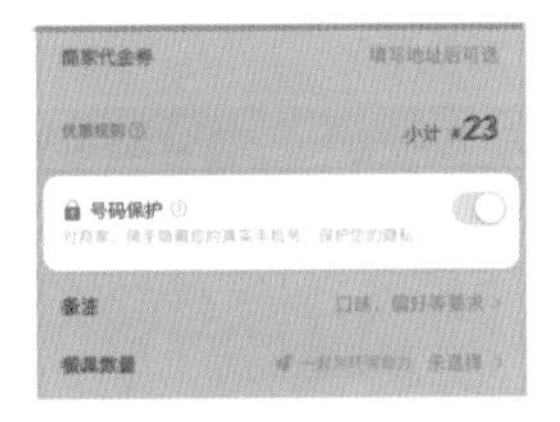

美团外卖

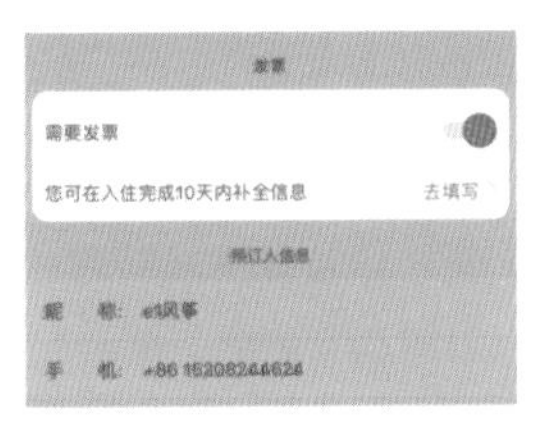

小猪短租

使用状态切换器的项目通常重要性相对较低，都是附加功能，不会影响表单的提交流程。

4. 滑动控制器

当表单中存在选择一个值或一个范围时，可以舍弃复杂的下拉菜单或者系统默认的选择控件改用滑动控制器。既减少用户的操作，又增加界面的设计感，如下图所示：

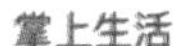

掌上生活

民生信用卡

滑动控制器在表单中多用于调整额度，相对输入和步进器来说更加方便，但占据界面中的空间比较大。当然其他产品中也有用到滑动控制器的，不过都不是在表单中的运用，这里就不一一列举了。

5. 数字步进器

可以被用在只能递增/递减其数量的选项上，以便让用户能快捷地微调数值。使用步进设计代替下拉列表，既可以降低操作失误率，也能在一定程度上减少点击次数，如下图所示：

多点　　美团外卖

步进器在产品中经常出现在购物列表中，相比单纯的选择数字和输入数字，这种方式允许用户遇到大数额时可以手动输入，遇到小数额变化时又可以通过点击逐步增减。

如何提升用户信息录入效率

1. 防止输入框的遮挡

错误示例：如图，当我们要输入最下面“亲友公司名称”时，键盘被唤醒，同时遮挡了所有需要填写的表单组件，需要滑动底层界面才能继续填写。这种体验是十分糟糕的。

正确示例：在用户输入完当前表单的某一段落时，底层界面位置应该自动往上移动，显示当前该填写项目的完整输入框，确保表单在填写时无任何元素的遮挡，方便用户的输入。

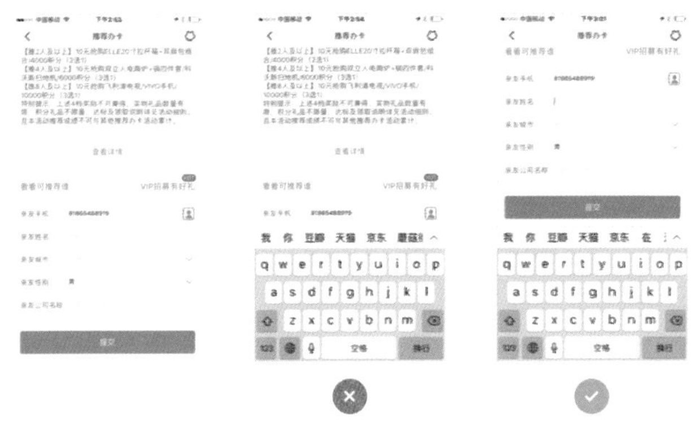

掌上生活

2. 实时校验

错误示例：需要用户填完所有信息提交时，才反馈存在很多错误，用户需要根据系统所给出的提示再次修改提交，影响用户体验。

正确示例：每当用户离开当前输入项时，系统根据用户输入的信息进行判断并及时告知用户输入的正确性，甚至还能引导用户进行接下来一系列有关的输入。如此就会减少用户的反复操作，表单也会变得更容易让用户接受。

阿里巴巴

3. 键盘匹配

在表单中通常会出现不同的输入需求，有需要输入文字的，有需要输入英文的，有需要输入数字的，届时我们应该为不同的输入需求匹配不同样式的键盘，减少用户的切换操作，提高用户的输入体验。例如，输入电话号码时就可以只存在数字键盘；而输入邮箱时不需要拼音，键盘就只保留英文和数字即可。

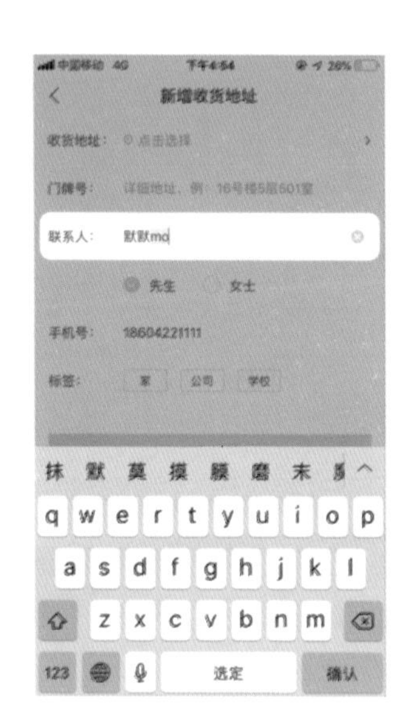

美团外卖

4. 智能预设

错误示例：表单中的信息每次都需要重新填写，填写表单本身对用户来说就是一件很头痛的事情，这样不仅增加了用户的操作，出错率也会相对提升。

正确示例：每日优鲜中第一次添加收货地址时，由于产品不了解用户的个人信息，所以所有项目都需要自己手动完成。但当我们再次添加地址时，产品会自动默认填充收货人、手机号码、城市等之前的信息，这就减少了用户的填表时间。

每日优鲜

画重点

（1）表单的基本组件：表单中的内容有很多，例如复选框、单选框、输入框、下拉选择、开关、分段控件等等，本文主要分析了输入框、分段控件、状态切换器、滑动控制器、数字步进器。

（2）提升录入效率的方法：防止输入框遮挡、实时校验、键盘匹配、智能预设。

通过明确表单中组件的功能以及在不同场景的使用，可以让表单的设计变得清晰易懂，提高用户的填写率。同时我们应该思考如何优化用户在使用时的交互效果，避免造成反复的操作。

参考资料

App设计必修课：如何设计出规范的移动表单组件　http://t.cn/Eq1AeNN

移动端下拉表单的更好选择　http://t.cn/RKIWZ8s

干货！移动端表单最佳实践　http://t.cn/Eh6EBOL

如何设计选择菜单　http://t.cn/R5jpjS6

表单中的勾选框和开关 http://t.cn/RtvoZdb

小功能、大细节丨关于选择菜单的套路 http://t.cn/RDUU8QY

移动端表单设计小妙招 http://t.cn/EfiiOTd

这个控件叫：Segment Control/分段控件（附录与Tabs的区别） http://t.cn/Efii1PR

05　评论区

文 / 吴萌

互联网让大家可以在虚拟的世界里畅所欲言，而每个产品的评论区就成了大家发表看法的常用场所，在满足一部分用户的发言欲望的同时，也满足了旁观群众的好奇心，默默“潜水”也能了解一个江湖。网易云音乐能火起来的重要原因之一，就是它走心的评论；视频网站的弹幕文化，也都是基于这一原因而出现的。

但是，作为一个有产品思维的设计师，我们不能只看到这些表面的东西，需要去分析一下它们背后的逻辑，知道它们有哪些不同之处，又是基于什么原因而做得不一样。

评论区样式

1. 回复别人时，内容下方带上原帖内容

如下图网易云音乐，当你回复别人的时候，在你的帖子下方会带上原帖，也就是你回复的那个人发的文字。

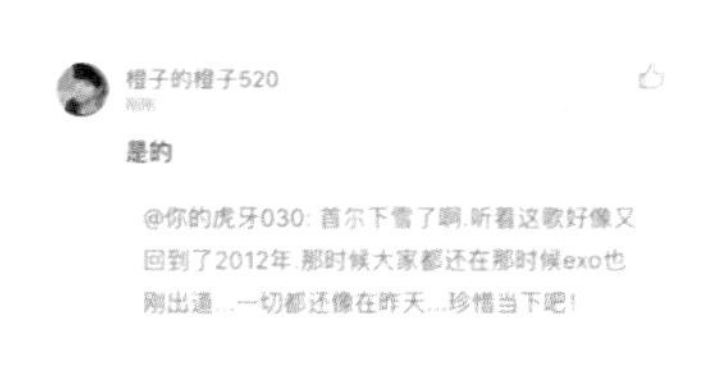

网易云音乐

优点

（1）能让人一眼就看到回复的是哪条帖子，信息层级明显、容易区分；

（2）活跃了评论区的氛围，每一条回复都会新增一条评论动态，10个人回复就会有11条

动态（原帖本身+10条回复内容），给人一种很多人在用的感觉，适合产品早期用户体量小的时候。

缺点

（1）当回复信息较多时，看不懂谁回复谁，在你来我往的对话中，每次只附带一条原帖内容，在外人看来没有前因后果，让人摸不着头脑，对话感不强；

（2）不适合带图片的评论，如果每一条回复下方都会带上原帖的图片，图片所占位置太大，一屏内显示不了几条评论。而且当多人回复同一条评论的时候，图片重复次数多。

2. 回复别人时，回复内容在原文的下方

社交类、服务类的产品较常使用这种方式，即回复别人的帖子，回复内容在原文的下方。例如视频网站、微博这一类产品用户体量较大，回复同一条帖子的几率较大，每一条回复都带上原帖，显然不合理。试想一下，你和100个人针对同一条内容进行回复，你一定是想第一时间看到所有其他人怎么回复的，而不是100条带上原帖的回复。

当同一条内容评论人数过多，没有空间展示所有的回复内容，可以只展示几条回复内容，再用其他的方式如“查看全部121条回复”的链接，让用户知道还有其他的评论，诱导他们点击进入下一页查看所有评论。

芒果TV

优点

（1）用户之间互动强，就像在现实生活中小组讨论一样，大家都争对同一个主题，发表自己的言论，带入感强；

（2）信息层级明确，针对同一条内容的回复都在一个页面同一个层级内。

缺点

（1）需要点击跳转到新的页面，才能看到针对这条评论的所有回复，流程了多了一步；

（2）每条评论都展示几条回复的话，占据了太多的屏幕空间。

3. 只展示评论数量，回复需要点击进入详情页

现在很多 App 都开始用这种方式，只在外面展示回复、点赞、转发的数量，想要回复或者查看其他人回复的内容的时候，需要点击跳转到评论详情页。这就相当于我们去一个陌生的地方逛一样，都是自己不知道的店铺，那我们只能通过店里的人流量（点赞数）、大家的推荐指数（转发数）、店铺装修风格（触动人的文案或图片）等，来选择进入哪家店铺。

芒果TV

今日头条

优点

（1）节省了页面空间，同样大小的区域能够展示更多的内容；

（2）给用户选择的余地，他只需要点自己感兴趣的内容去回复，同时和所有对这条评论感兴趣的人一起沟通交流，而不是置身于一个大杂烩的场景之中。

缺点

（1）操作比较复杂，需要点击进入新的页面，多了一步页面操作，且引导性不够；

（2）当单条评论不够有吸引力的时候，用户没有点击欲望，长此以往，每条评论的回复太少，会打击用户的积极性，后续可能就不想参与了。

4. 特定情况才能评论

以淘宝为例，用户购买之后才有评价的资格，否则只能回复别人的评论。买过才有发言权，这能在一定程度上维持评论区的和谐，不至于出现一片倒的水军。针对一些恶意差评，商家的回复信息可以直接显示在下方，信息展示明确，在一定程度上能缓解用户的反感。

淘宝

评论的排序方式

评论的排序方式也有很多种，目前最主流的排序方式就是按照评论、点赞的数量依次排序，或者是按照时间，最早回复的在下面，最晚回复的在最上面。

1. 按照点赞数多少排序

按照点赞数的多少排序，当点赞数一样的时候，按时间倒序排列。

抖音

36氪

这样的话能优先看到热门的评论，看到别人都在说什么。而且一旦自己的评论被人点赞上了排行榜前几名，能给用户带来极大的成就感，激励着他继续使用这个产品。

但是这种方式有一个弊端，当自己回复别人的帖子后，按照点赞数排序的话，自己的评论会被掩盖在热门评论下，很难找到自己评论的内容，会让用户以为操作没有成功。

2. 按照评论时间正序排列

这种方式比较符合正常人的思维逻辑以及视觉流程，从上到下，先来的先显示，后来的后显示。但是却不太适合移动端的体验，当用户一打开最先看到的是时间最久的评论时，会觉得这个 App 信息更新得太不及时，跟不上潮流。而且一些优质的评论会因为发布时间晚排在很下面，从而被用户忽视。

知乎

3. 按照评论时间倒序排列

这种方式下，用户自己回复的内容立马就能看得到，操作有反馈，体验较好，但相应的优质评论容易被时间淹没。

今日头条

这几种排序方式还可以组合起来使用，例如网易云音乐就结合了点赞数和时间倒序这两种方式，在最上方显示十几条精彩评论，按点赞数排序；下方按照时间倒序排序，在一定程度上满足了用户既想看到热门的评论内容，又想实时看到自己发布的内容的心理。

网易云音乐

不过这种方式仍有弊端，热门评论较多，十几条评论需要划过好几屏，对我这种很少听歌的用户来说，听到好歌难得去评论一下，结果半天没找到自己的评论在哪里。试了好几次，划了好几屏才看到自己的回复内容安静地躺在最新评论里。

微博则单独进行了分类，用户可以根据自己需要选择评论排列方式，默认是按热度，也就是点赞数。

微博

画重点

当你的产品评论时效性较强的时候，评论排序方式可以选择时间倒序，最新的评论显示在最上方。如视频类 App ，回复内容大多类似，所以按照时间来排序最好不过了；当你的产品是希望用内容来吸引用户，那你可以选择按点赞数排序，点赞最多的显示在最上方，如新闻类 App。

至于回复别人评论的时候怎么显示，可以根据自己产品的调性而定，当前期产品活跃度不够，评论较少的时候，可以采取每条回复都带上原帖，这样会显得评论区的内容多，氛围活跃一些；当产品评论数量多的时候，可以把针对一条评论的所有回复内容放置到一个新的页面，这样用户在看别人的评论以及回复的时候有针对性，也有前因后果，能够知道谁回复了谁，谁又评论了谁。

06　提示框

文 / 吴萌

在日常工作中我们经常会看到各种类型的提示框，在官方的规范里，它们都有各自的叫法以及用法，什么场景下用什么样的提示框，也早已有了定义。只是有些提示框类型极其相似，难免有人会在工作中将其归错类别。

提示框的作用

在细分提示框的种类之前，先说一下它的作用。提示框作为界面中一个必不可少的组件，有它存在的独特的意义，主要的作用有三个:

1. 提醒用户

在用户操作时给予提醒，特别是一些操作会影响到用户利益的时候，通过提示框去提醒他们做二次确认，减少因为误操作而带来的损失。

2. 选择权

用户进行重要的操作，例如删除所有订单且删除后不可复原时，通过提示框把选择权给用户自己，让他们自己决定当前的操作是否进行下去。

3. 知情权

告知用户当前所发生的事情，让他们对当前状态有一个预估，让用户有知情权。

提示框的种类

按照不同的维度划分的话，提示框的种类特别多。本文以最简单的维度——模态和非模态进行划分。模态框指的是当它出现的时候，用户必须对其进行操作（确定或者取消），才能关闭它，进行下一步。而非模态框则指的是不需要用户进行操作，它自己会在设定的时间内自动消失，用户只能等待它自己默默消失。

1. 模态对话框 —— Dialog

关于Dialog，Material Design 是这样说的：“Dialog用于提示用户做一些决定，或者是完成某个任务时需要一些其他额外的信息。 Dialog可以是“ 取消/确定”的简单应答模式，也可以是自定义布局的复杂模式，例如说一些文本设置或者是文本输入 。”

简单来说，Dialog 主要是去提示用户当前页面需要去做选择，而用户必须对提示框的内容进行响应，才能进行其他的操作。

Dialog 一般包含标题、内容区域、操作区域。

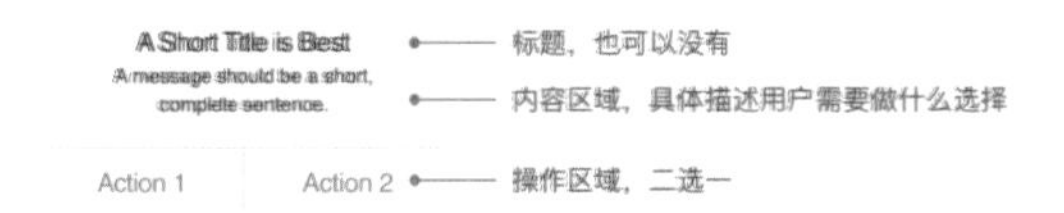

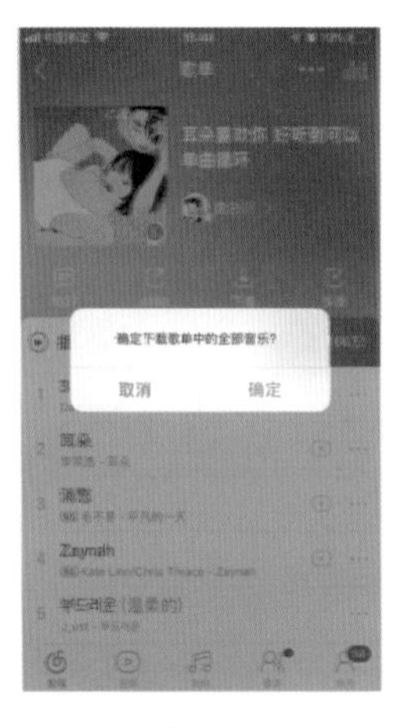

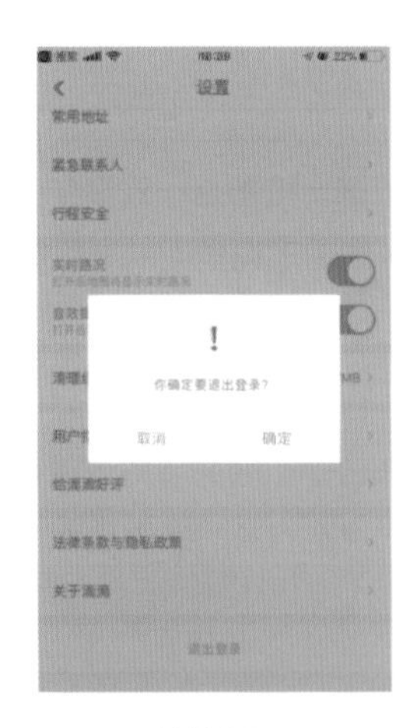

网易云音乐　　滴滴出行

操作区域一般有两个功能按钮，通常一个是肯定的一个是否定的（与肯定的事件对立）。一般积极的、肯定的或者说产品希望用户做的选择，会放在右边。肯定的事件也可以是具有破坏性的，例如“删除、放弃”等。

肯定事件和否定事件除了可以使用“确认”“取消”外，也可以用其他一些动词或者是动词短语来代替，例如“升级、点错了”等。

Boss 直聘

掌上生活

1）延展 —— 自定义提示框

当然也有只包含一个功能按钮的情况，这个时候需要注意的是弹出的消息是否重要到非要用户点击确认，如果是，那就用 Dialog，如下图微信中的提示框，就是默认只有一个功能按钮的 Dialog。如果不是，可以考虑用其他的，例如 Toast。

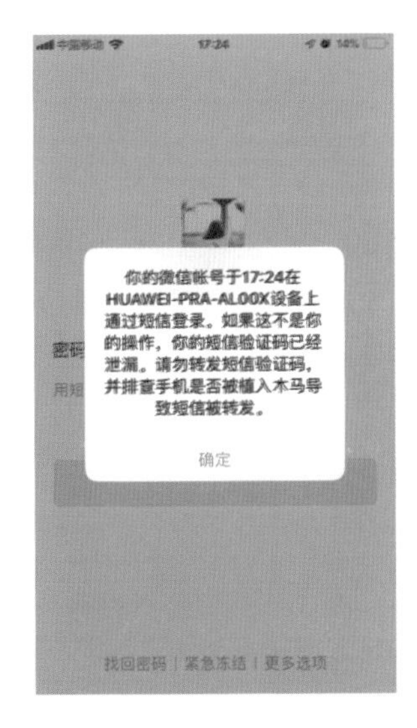

微信

由于 Dialog 强制要求用户进行操作，用户体验不是很好，因此后续延展出了其他的样式。这种提示框也有操作按钮，它和 Dialog 最大的区别就是点击操作按钮或者提示框外的任何位置，都可以关闭该提示框，降低了操作难度。但它不算严格意义上的 Dialog。

这类提示框现在较多用在自定义的提示框上，例如一些运营活动，自定义的提示框能更好地传达内容，从而吸引用户点击。

喜马拉雅　　　美团外卖

2）特殊情况

如果 Dialog 出现三个或以上的功能框，会增加用户的选择负担，而且横向显示的话在视觉上也显得拥挤，所以就有了一个由 Dialog 延伸出来的 Actionbar，它比 Dialog 拥有更多的功能按钮，能够给用户提供更多的功能选择。

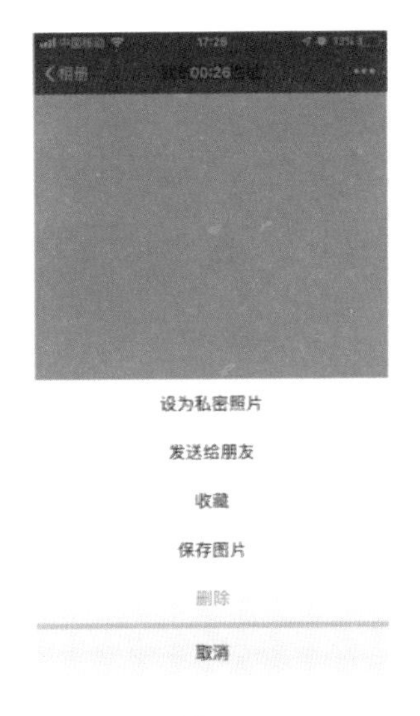

微信 iOS

微信 Android

Actionbar 一般都有一个默认的“取消”功能按钮（当然也可以没有）点击该按钮后关闭弹框。用户点击弹窗以外的区域也相当于点击了“取消”按钮，会关闭弹框。

当功能按钮数量过多时，不适合用文字列表的形式展示，可以用图形加文字的形式来展示。

2. 非模态对话框 —— Snackbar

关于Snackbar, Material Design是这样说的：“Snackbar 是一种针对操作的轻量级反馈机制，常以一个小的弹出框的形式出现在手机屏幕下方或者桌面左下方。它们出现在屏幕所有层的最上方，包括浮动操作按钮。

它们会在超时或者用户触摸屏幕其他地方之后自动消失。Snackbar也可以在屏幕上滑动关闭。当它们出现时，不会阻碍用户在屏幕上的操作，并且也不支持输入。屏幕上同时最多只能显示一个 Snackbar”。

微信　　喜马拉雅

简单来说，Snackbar 是介于 Dialog 和 Toast 两者之间的一种轻量级反馈机制，以文本形式存在，可以包含0～1个操作，不能是取消按钮 。

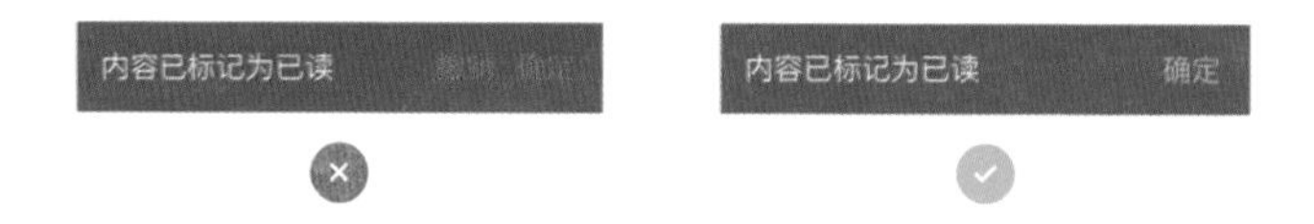

当只以文本形式出现的时候，形式和 Toast 一样，不需要用户进行操作，等默认时长结束后会自动消失；不过它比 Toast 多的一点是，用户可以在屏幕上滑动将它关闭。
需要注意的是 Snackbar 不应该持续存在或相互堆叠，也不要阻挡浮动操作按钮。

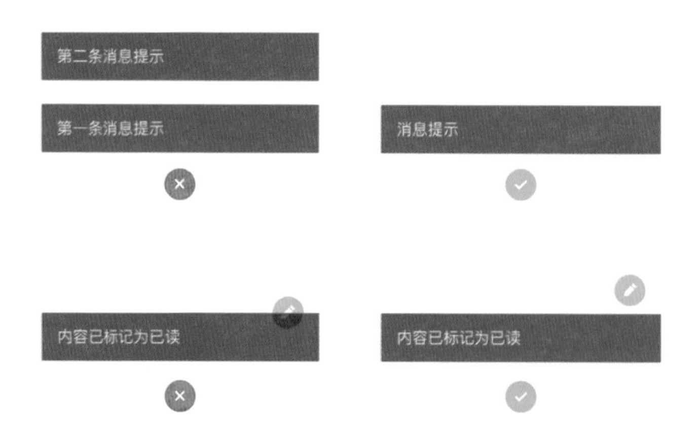

延展 —— 引导浮层

由于 Snackbar 太受限制，不能有图标只能以文本形式存在，在现在的 App 里用得越来越少，少到都找不到什么例子。而现实中又需要一种介于 Toast 和 Dialog

之间的轻量级的操作提示。所以就延伸出了另外一种样式，暂且将它归为“引导浮层”吧。

引导浮层和 Snackbar 最大的区别是，它可以有图标、图片，甚至还可以引导用户去新的页面，这也是它更受有欢迎的原因所在。

3. 非模态对话框 —— Toast

关于 Toast，Material Design 是这样说的：“Toast 同 Snackbar 非常相似，但是 Toast 并不包含操作也不能从屏幕上滑动关闭。”

小红书　　　　爱奇艺

简单来说 Toast 主要的作用是对用户当前的操作给予反馈，用户不需要对弹出的内容进行响应，相对地也无法对它们做出控制，只能等设置的默认时长结束后自动消失。它可以出现在页面的任何位置，可以是纯文本的，也可以是图形结合文本的。

微信　　　　微博

特别说明

提示框的作用是用来提示信息的，但不是所有的提示信息都需要用到提示框，因为提示框或多或少都会“打扰”到用户的操作，所以能有别的解决方式的时候，优先考虑别的方式。

同理，提示框存在的另一个原因就是在用户犯错之前及时制止他，所以如果有其他的方式能够在提示框出现之前就规避错误，那要优先使用。以京东登录页面为例，密码那一行有一个小眼睛的图标，点击之后显示密码。当用户认为自己没有输错密码，但却提醒密码错误时，与其多次尝试来找到错误所在，不如直接点击显示密码的图标体验来得好。

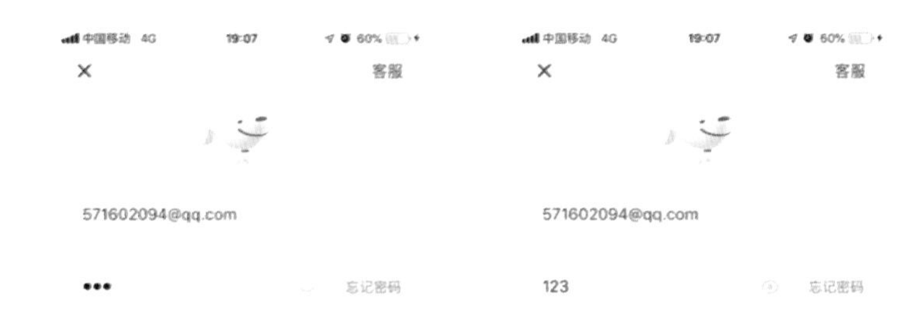

京东

再例如像支付宝这样把提示信息放置在按钮上，就能避免提示框的出现打扰到用户的操作，而且信息放置在按钮上更加明显，也不会被用户忽略。

支付宝

画重点

1. 提示框的三个作用

（1）提醒用户，在他们犯错之前及时制止；

（2）给用户选择权，让他们自己决定当前的操作是否进行；

（3）告知用户当前所发生的事情，让他们对当前状态有一个预估，让用户有知情权。

2. 提示框的类型以及区别

Dialog —— 模态对话框，需要用户对当前内容进行操作，不会自动消失，会打断用户之前的操作流程；

	Dialog	Toast	Snackbar
类型	模态对话框	非模态对话框	非模态对话框
必须包含	内容文本，功能按钮	文本	文本
可选	标题	简单的图形	1个功能按钮 （以文本形式存在）
不包含	无	任何操作	1.图标 2.取消按钮
使用场景	当提示信息至关重要，必须用户做出决定的时候	当提示信息只需要告知用户不需要他做出选择的时候	其他两种场景之外的任何场景，可以优先考虑这个
出现位置	任何位置 一般出现在页面中间	任何位置 一般出现在页面中间	页面底部
优点	1. 提示信息明显，不容易被忽略 2. 让用户自己做选择，让他们觉得自己有话语权，体验好	1. 用户当前的状态 2. 不阻挡用户原本正在进行的操作	1. 纯文本形式，对用户干扰少 2. 可以包含一个操作按钮和用户互动
缺点	会打断用户原本正在进行的操作	1. 无法控制显示的时长，只能等它自己消失 2. 容易被忽略	1. 展示内容少且单调，只能文本形式 2. 只能出现在屏幕下方，容易被键盘等元素遮挡
延展样式	自定义的提示框 活动类型的偏多	无	引导浮层

Snackbar——非模态对话框，用户可以对当前内容进行操作，也可以等它自动消失，不会打断用户的当前操作；

Toast—— 非模态对话框，用户无法对当前内容进行操作，只能等它自动消失。

参考资料

Snackbars 与 Toasts　http://t.cn/Ef5LFIB

提示框(Dialogs)　http://t.cn/Ef5yqFr

07　产品列表布局

文 / 刘芳

在设计产品列表时，经常会遇到不知道如何选择布局样式的问题。最后大家的解决方案大多是参考竞品，觉得样式不错就用到自己的产品中，它是否合适并不清楚。本文归纳了常见的六大布局样式，即列表、大图网格、两列网格、两列瀑布流、拼图、三列网格布局，通过对它们优缺点和使用场景的分析，掌握在什么情况下采用何种布局方式。

列表布局

列表布局也就是我们常见的图片列表，主要由商品缩略图和多个文字信息组合而成，列表布局重在文本内容，对于图片的质量要求不高，图片主要为了起到视觉引导的作用。

列表布局　　淘宝

优点是，遵循自上而下的阅读方式，有利于信息的快速扫视和对比；空间占比小，一屏可展示更多的商品；拓展性好，可展示更多促销信息。

缺点是，图片尺寸小质量差，细节展示不丰富；样式单一、趣味性差；由于信息量过大，长时间浏览会引起视觉疲劳。

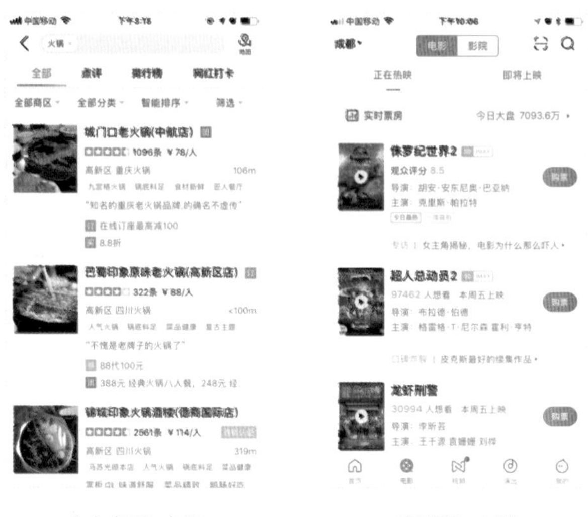

大众点评–火锅　　淘票票–电影

大众点评和淘票票都可以算团购类App，用户在购买时不会看商品图片是否好看，决定用户购买的关键是这个商品是否是用户需要的，因此在列表布局中，标题、产品参数、促销信息是用户比较关心的点。

什么时候使用?

当你的产品图片质量不高，产品数量较多，需要通过优惠信息、价格参数等来进行对比，对界面效果要求较低时，可以采用列表布局。

大图网格布局

大图网格布局一行只展示一张图片，由于图片占比较大，因此一屏只能展示1～2张；在设计上它可以分为通栏和非通栏设计，通栏可展示更多的信息；非通栏也就是卡片风格，其视觉表现力更强，多用于以图片浏览为主的产品。

大图网格布局　　　　爱彼迎

优点是，图片占比大，可以展示更多的商品细节和丰富界面效果；同时自上而下的浏览顺序，有利于信息有效传达。

缺点是，页面空间的消耗大，一屏可展示的内容少，不利于信息的查找和对比。

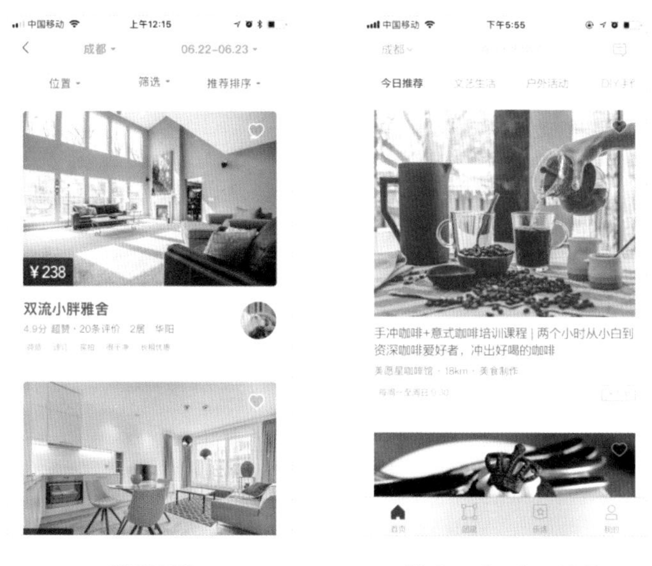

蚂蚁短租　　　　懒人周末–今日推荐

蚂蚁短租和懒人周末分别是短租和生活类App，其共同点是用户在使用时主要通过图片决定是否购买，采用大图布局可展示更多的细节，帮助用户浏览，提升整体的界面效果。

什么时候使用?

当你的产品数量较少，图片有专人维护，需要突出品牌感时，就可以采用大图展示。大图展示往往视觉效果好，多用于图片类、租房类、商品推荐等列表中。

两列网格布局

两列网格布局也就是将屏幕一分为二，图片和文字进行上下展示，类似一个网格，浏览次序类似Z字，因此产品都能均衡地被用户看到。该布局图片占比较大，对图片质量要求较高，适用于图片对比为主的商品，如下图所示：

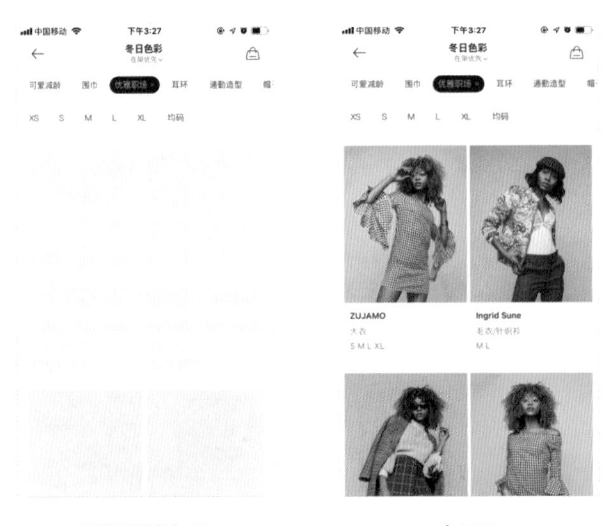

两列网格布局　　　　衣二三

优点是，利于图片类商品的对比选择；页面空间消耗小，一屏可展示4～6条信息；视觉效果较好。

缺点是，文字信息展示空间少，只能展示商品标题、价格、标签等参数，当文字信息过多时界面会显得凌乱。

Keep-商城　　　　严选

Keep-商城和严选App中虽然产品有所不同，但都是需要用户通过图片对比进行选择，从产品细节展示来说比列表布局更丰富，从产品信息对比来说比大图更便捷，因此这类App中两列网格布局应用较为广泛。

什么时候使用?

如果你的产品是以图片对比为主，同时又不需要大图展示时，可采用该布局进行设计。两列网格布局往往和列表布局会一起使用。

两列瀑布流布局

两列瀑布流布局也就是将屏幕一分为二，和常规布局类似，其中图片的宽固定，高随图片的尺寸变化而变化。相比于两列网格布局，瀑布流布局更加不规则，适用于产品数量较多，用户目标不明确的情况下使用，如下图所示：

两列瀑布流布局　　　　Nice

优点是，可根据图片比例自适应高度，图片的细节表达更有力；产品展示数量多，用户在使用时可以无限下滑。

缺点是，采用预加载的实现方式，因而不能预估产品多少的数量；在浏览时产品图片大小不一，大图很容易被记住，而小图很容易被忽略。

小红书　　　　淘宝

在汇总时笔者发现现在很多App列表都采用了瀑布流的形式，例如小红书和淘宝，它们均是以图片展示为主，同时图片多为第三方上传，图片质量不统一，产品数量较多，故采用瀑布流提升了界面的趣味性，避免用户视觉疲劳。

什么时候使用？

两列瀑布流布局和两列网格布局的使用场景类似，唯一区别就是两列网格布局在产品数量少或用户目标明确时采用；而瀑布流多用于用户目标不明确，同时产品数量多，可以无限下滑的时候。

拼图布局

拼图布局中，头部常以一张大banner的形式出现，下面是由几张图片以各种拼图形式呈现。一般来说下面展示的信息都是和头部图相关的商品，适合平台主动推荐的商品列表，如下图所示：

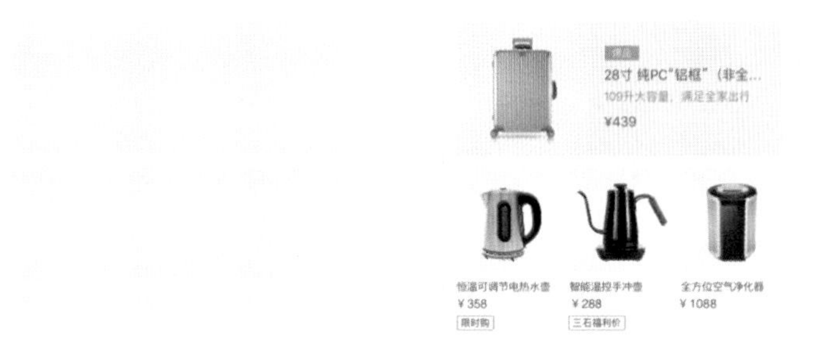

两列拼图布局　　严选-人气推荐

优点是，采用杂志式排版，样式上更活泼美观；产品主次表达更清晰，通过图片占比大小就可以确定主要和次要信息。

缺点是，图片一般有大有小，小的也很容易被忽略；另外该样式编辑成本高，往往需要单独推荐。

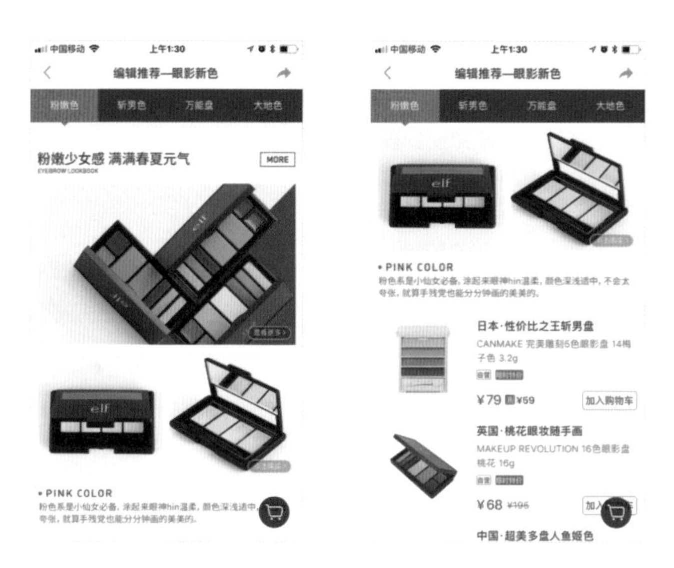

小红书–推荐

小红书的推荐页面可看成是专题页，采用拼图的形式展现，将重要信息放到大图上，次要信息放到小图上，引导用户购买。

什么时候使用?

两列拼图布局在列表中使用较少，因为不规则的拼图会导致维护成本过高，同时小图片很容易被忽略，因此多用于推荐页面中，图片由编辑经过处理之后再进行上传。

三列网格布局

三列网格布局是将屏幕一分为三进行展示，也可以叫宫格布局。由于模块比较小，因此主要以图片展示为主，文字信息一般只有简单的标题，适合用在用户需求不明确的页面，如下图所示：

三列网格布局　　　　网易严选

优点是，排版的界面利用率高，一屏可展示的产品数量最多，利于用户快速浏览选择自己感兴趣的产品。

缺点是，图片展示尺寸小、质量低，文字信息展示简单，对比性较弱，界面的趣味性和新鲜感都比较差。

NOTHING－日榜　　　　哔哩哔哩－番剧

以NOTHING－日榜和哔哩哔哩－番剧为例，用户进来主要是为了看看有没有自己感兴趣的内容，采用三列网格布局可以展示更多的内容，帮助用户快速浏览。

什么时候使用?

如果你的产品只是为了展示更多的信息，不需要通过图片进行对比时，可采用三列网格布局。

画重点

（1）当用户需求明确时，需要选择适合高效对比的布局方式，推荐使用列表布局、两列网格布局、两列瀑布流布局；其中列表布局适合以文字对比为主的商品；两列网格布局和瀑布流布局适合以图片为主的商品。

（2）当用户需求不明确时，就需要根据产品的目标进行选择。产品目标是体现品牌性或推荐商品，使用大图网格布局和拼图布局；当产品目标是想快速促成交易，方便用户对比，推荐使用两列瀑布流布局；当产品目标只是展示界面，推荐使用三列网格布局。

（3）当产品数量较少时，推荐使用两列网格布局、大图网格布局。其中大图网格布局适合图片质量高，有专门编辑进行维护的产品；两列网格布局要求相对少很多。反之，当产品数量较多时，推荐使用两列瀑布流布局、三列网格布局。

参考资料

无线工坊. 方寸指间[M]. 北京：电子工业出版社，2014

08　按钮

文 / 刘芳

按钮设计看似简单，只需要画个矩形框然后填色即可，但其实按钮的功能不同，设计方式也有差异。另外，按钮的一些设计细节很容易被忽略。本文主要从按钮功能类型和设计要点两个方面入手，对按钮设计进行全面的解析。

按钮功能类型

按钮主要包括行为召唤按钮、悬浮按钮、标签按钮、表格按钮、开关按钮，其功能不同设计方式也不同。

1. 行为召唤按钮

行为召唤（Call To action，CTA）按钮的目的是通过设计诱导或激励用户点击，从而实现产品的诉求。主要包括诱导购买、订阅关注、利益诱导、文字诱导四种。

1）诱导购买

当行为召唤的目的是诱导购买时，按钮的设计在颜色、形状、样式上都需要突出。要让按钮看上去可点击，让用户进来第一眼就能知道该按钮的用途，如下图所示：

美团外卖　　淘宝-详情

美团外卖的结算按钮颜色采用黑黄对比、形状采用具有亲和力的圆角，在样式上加入投影的同时加入送餐员的元素，配上小红点，再加上价格诱导，让用户可以直观看到优惠了多少钱，促使用户进一步操作。

淘宝详情的“加入购物车”和“马上抢”是一个组合按钮，作为行为召唤按钮可以明确地看到，其从颜色、形状、样式都能够让用户快速注意到。

2）订阅关注

当行为召唤的目的是订阅关注时，其重要程度相比诱导购买低很多，但是在设计时仍然需要考虑一个问题：用户关注更重要还是用户阅读内容更重要。当内容重要时，按钮的设计需要弱化处理，例如优酷视频；当点击关注重要时，按钮的设计需要强化处理，例如土豆视频，如下图所示：

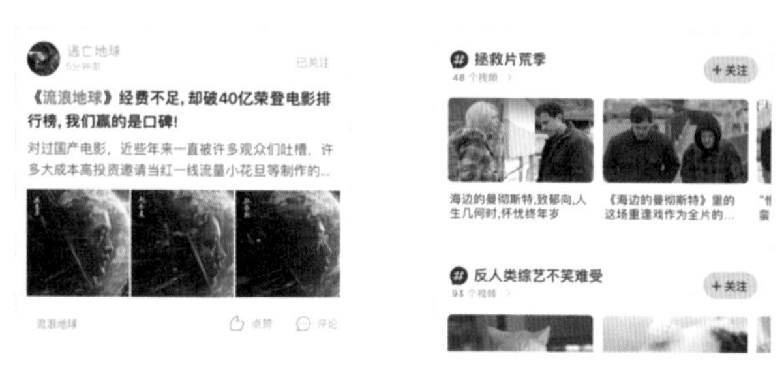

优酷视频–内容重要　　土豆视频–关注重要

优酷视频星球页面的目的主要是引导用户去阅读内容，感兴趣你就关注，因此在设计时对关注按钮进行了弱化处理，让按钮和界面融合。

土豆视频关注界面的目的主要是引导用户关注。因此按钮设计较为明显，采用黄色填充加图标引导，在视觉上和产品内容形成强烈对比。

3）利益诱导

当行为召唤的目的是利益诱导时，可以考虑在颜色、形状、图标、诱导文字等方面设计，引导用户点击，如下图所示：

大众点评–每日福利　　腾讯视频–doki

大众点评领奖按钮明显比赚积分的层级高，因此为了突出领奖按钮，采用了色块设计的样式，同时赚积分按钮采用描边设计进行弱化处理。

腾讯doki打榜页面冲榜的重要层级最高，因此在设计时不仅采用了色块、加入了动效图标，同时还加入了诱导文字，让按钮更明显，诱导用户点击，其他按钮则采用描边样式弱化处理。

4）文字诱导

文字诱导简单来说就是通过文字，诱导用户进行下一步操作，多用于空页面、活动页面中，因此在设计时采用简单的色块填充即可。如果该页面为活动页面，也可增加渐变或投影样式，让按钮更有空间感，进而突出按钮，如下图所示：

得到　　　　大众点评

得到的“学习计划”界面为空时，为了促进用户进行下一步操作，它的按钮文字“开始制定学习计划”直接诱导用户制定，同时其按钮采用重要程度较高的色块加投影的方式，诱导用户点击。

大众点评“我的攻略”界面为空时，为了让用户创建攻略，它的按钮文字“我也要创建攻略”直接诱导用户创建，同时其按钮采用渐变填充的方式，诱导用户点击。

2. 悬浮按钮

悬浮按钮是Android应用中最常见的一个控件。不过随着Android和iOS规范的不断融合，在iOS中也经常会看到各种各样的悬浮按钮。在设计上悬浮按钮应该采用显眼的颜色，以抓住用户的注意力，同时它应该是积极正向的交互，例如创建、分享、探索等，如下图所示：

UC浏览器-正常

UC浏览器-展开

UC浏览器的悬浮按钮采用蓝色背景和白色添加图标，具有很强的提示作用，点击按钮即可呼出对应的发布图文或者视频的功能。

3. 标签按钮

标签按钮往往呈多个出现，在使用时可以看成一种筛选条件，采用该设计方式可减少用户操作步骤，提高操作效率。不过标签的重要程度仍然较低，在设计时需要弱化处理，如下图所示：

支付宝-保险

转转

支付宝投保页面，为了帮助用户快速做出选择，采用了标签的设计方式。由于其重要程度不及“我要投保”高，因此在设计时默认用描边处理，选中后采用较浅的色块填充。

转转产品列表页，筛选条件下方也采用了标签设计，由于用户主要目的还是浏览商品，因此标签按钮样式默认采用浅灰色，选中效果为较浅的色块加描边。

4. 表格按钮

表格按钮是由一个白色网格加文字组成，从视觉上看和页面融为一体，特别不突出。因此多在个人中心设置页面想要弱化按钮的情况使用，如下图所示：

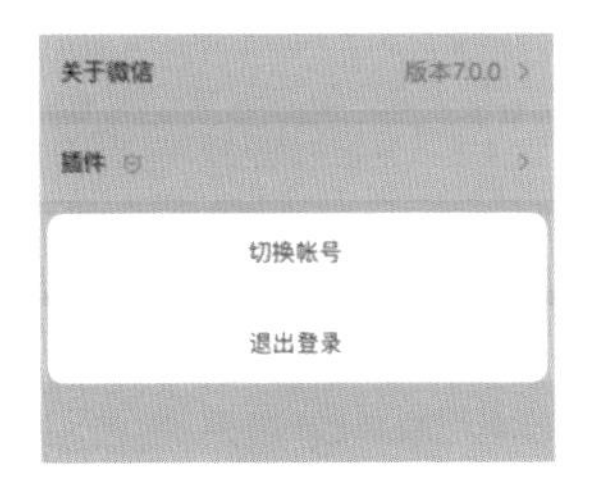

微信

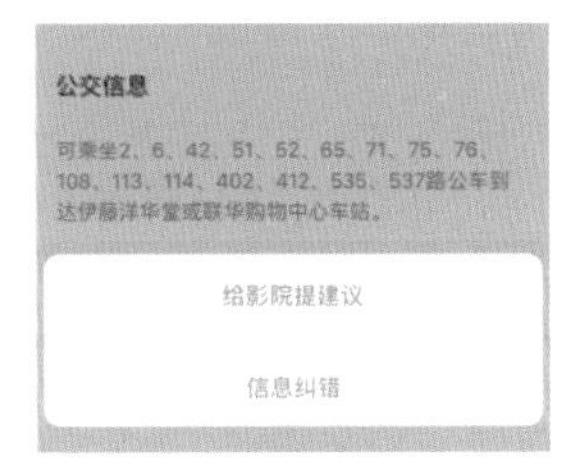

淘票票

微信设置界面的“切换账号”和“退出登录”由于不是核心操作按钮，同时为了和界面表格协调，设计时采用表格按钮将其弱化处理。

淘票票影院介绍页面底部设置了“给影院提建议”和“信息纠错”，很明显不需要引导用户操作，设计时采用表格按钮将其弱化处理。

5. 开关按钮

开关按钮是两种相互对立状态间的切换，多用于功能的开启和关闭。当按钮开启后可能还会带来其他的相应操作。开关按钮多用在设置界面，但是也有很多App将其用到其他界面中，如下图所示：

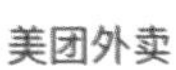

美团外卖

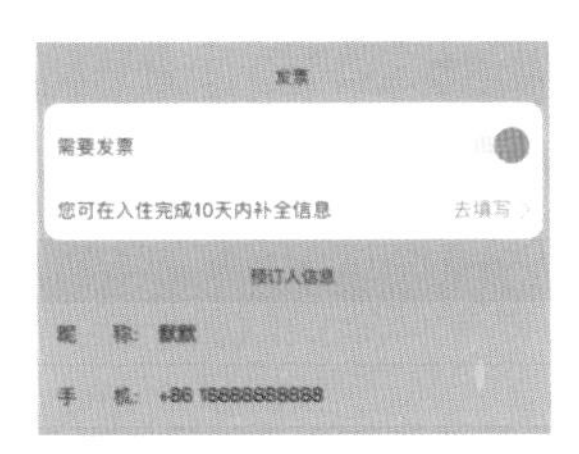

小猪短租

美团外卖提交订单界面中的“号码保护”就采用了开关按钮，相比其他滑动选择的交互状态来说，开关按钮无疑可以减少操作步骤，提高操作效率。

小猪短租提交订单界面中的“需要发票”也采用了开关按钮，当开启按钮会展开提示你去填写信息，当关闭按钮提示信息隐藏，相比于其他选择控件，这里用开关按钮更为合适。

按钮设计要点

上面总结了五大功能按钮的表现形式和使用场景，此外，要设计出一个引导性好的按钮，还需要重视一些细节，例如颜色、形状、状态、位置等。

1. 颜色

颜色是最容易感知到的对比方式，不同的颜色会给用户不一样的心理预期。在设计时，按钮颜色主要有主题色、强调色、辅助色。主题色多用于需要强调的行为召唤按钮、悬浮按钮、开关按钮中；强调色多用于需要拉开主次关系的按钮组中，一般采用主题色的对比色彩或者邻近色；辅助色多用于默认状态或不可点击的状态中，如下图所示：

Keep-主题色

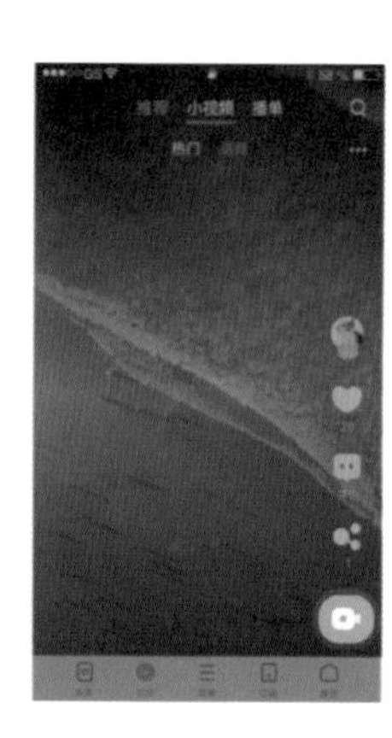

UC浏览器-强调色

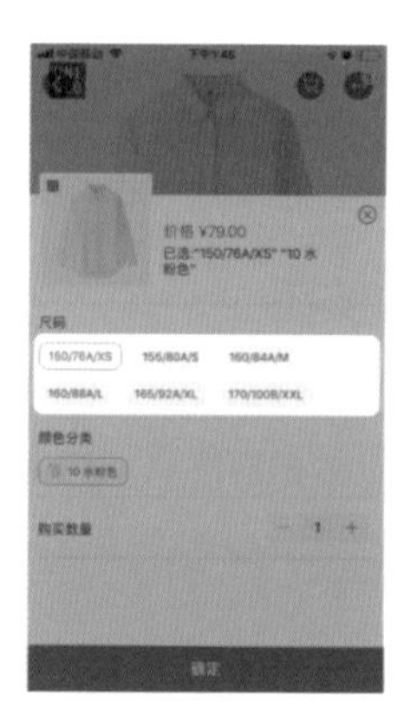

天猫-辅助色

Keep首页的“查看我的训练计划”按钮直接采用主题色，不仅可以起到很好的强调作用，同时和界面风格也比较协调；UC浏览器小视频的“我来拍”按钮采用邻近色绿色渐变来强调，引导用户拍摄小视频；天猫选择尺码标签时，按钮的默认状态采用辅助色灰色来突出选中状态。

2. 形状

在设计按钮时，需要根据整个界面风格设计合适的形状，主要有直角、小圆角、全圆角、异形四种样式。

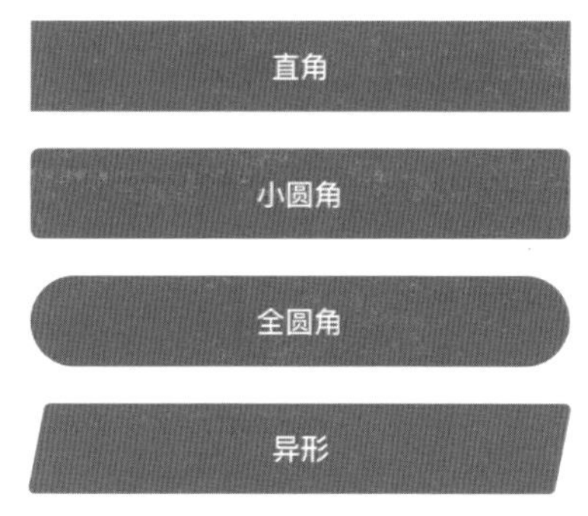

按钮形状

直角的含义：严谨、力量、高端。适用于金融类、奢侈品类产品中，让产品给人严谨、安全、高端的感觉，例如寺库的按钮设计。

小圆角的含义：稳定、中性。适用于用户跨度较大的常规类产品中，例如微信的按钮设计。

全圆角的含义：活泼、年轻、安全。适用于儿童类、年轻类、娱乐类、购物类的产品中，提升亲和力，拉近用户的距离，例如土豆的按钮设计。

异形按钮的含义：不稳定、活泼、另类。适用于需要用户做出选择的场景中，例如招商银行“话题PK”的按钮设计。

寺库-直角　　微信-小圆角　　土豆-全圆角　　招商银行-异形

寺库是奢侈品类电商，它的按钮采用直角设计，刚好可体现奢侈品的高端性；微信的用户群体上到七八十岁，下到几岁，其年龄范围广，因此采用稳重的小圆角较为稳妥；土豆短视频用户群体年轻活泼，因此采用全圆角较为适合；招商银行话题PK采用异形的设计，会给用户不稳定和另类的感觉，从而引导用户参与。

3. 状态

在部分界面设计中需要考虑按钮的状态设计，从而提高用户操作的流畅度。移动端完整的系统按钮可以分为正常状态、按压状态、禁用状态。

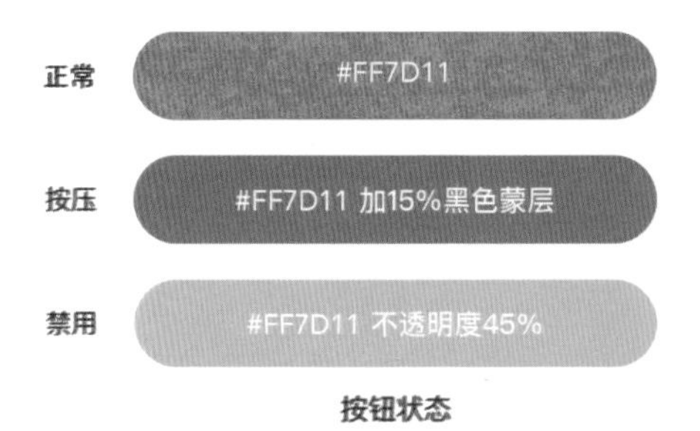

按钮状态

其中，正常状态（包括加载状态）展示的是App的主色；按压状态在正常状态的基础上叠加15%的黑色；禁用状态一般是灰色或者将正常状态的透明度降低至45%，该状态多用于提交表单按钮，例如登录、注册、转账等，如下图所示：

京东金融

京东金融转账页面，当未输入转账金额时，按钮禁用为灰色；当输入金额时按钮为正常状态。在操作中可以发现京东金融没有按压状态，这是因为随着网络的发展，宽带速度越来越高，按压状态显得没有必要。

4. 位置

位置往往对主操作按钮较为重要，在设计时需要以引导用户、方便用户点击为目的。主操作按钮的位置主要有三种，即固定在底部、页面跟随、将希望用户操作的按钮置于按钮组右侧。

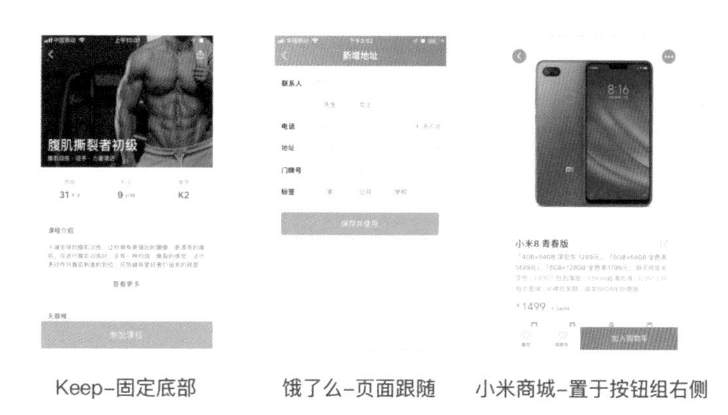

Keep-固定底部　　饿了么-页面跟随　　小米商城-置于按钮组右侧

根据费茨定律可知，按钮位置越近用户所需的时间就越短，因此Keep的开通会员按钮置于底部，方便用户快速操作。

饿了么的新增地址界面中，按钮跟随在信息后面，用户看完信息即可点击保存。需要注意，当表单信息较多时，也推荐采用固定到底部的方式减短用户操作成本。

小米商城详情页的“加入购物车”按钮置于界面右侧，其一是为了视觉平衡，其二是符合人先点右侧按钮的使用习惯。

画重点

（1）当行为召唤的目的是诱导购买时，按钮的设计不管从颜色、形状还是样式都需要突出。让按钮看上去可点击，让用户进来第一眼就能知道该按钮的用途。

（2）当行为召唤的目的是点击按钮时，按钮需要强化处理，例如采用主题色、强调色、添加图标等方式；当目的是浏览内容时，按钮可弱化处理，例如按钮采用浅色、灰色。

（3）提交表单按钮可分别设计正常、禁用状态，避免用户错误操作。

（4）当需要用户快速操作时，将主操作按钮固定在界面的底部；按钮组中希望用户点击的按钮则置于右侧。

参考资料

学习按钮设计，看这篇就够了！ http://t.cn/Rn86MOJ

7个按钮设计基本规则 http://t.cn/Eq6mG8R

09　标签

文 / 姜正

标签是日常设计中使用频率最高的组件之一，它功能强大、使用场景多样化，从而深受设计师们的喜爱。优秀的标签设计能够帮助产品传递准确的信息，完成当前的业务目标。

标签的定义

标签是事物抽象出来的定义，方便用户标记和机器识别。这里需要理解标签在用户行为层面的使用，用户最终通过标签进行信息传递和交互操作。

标签的特征

标签的主要特征有：

- 开放性，即所有用户可见。
- 轻量化，主要以关键词的形式呈现。
- 参与性，即标签可以由用户主动生成。

标签的作用

标签主要有两个作用：一是信息传递；二是交互操作。

1. 信息传递

信息传递是标签设计的关键，无论是图形标签还是文字信息标签，首要的任务都是正确地传递信息，只有这样才能让用户产生正确的联想，进而执行下一步操作。

可以这样理解，标签信息是为了满足用户的隐性需求，当用户在犹豫是否要进行下一步操作的时候，标签信息可以加强用户的需求欲望，促进完成下一步操作。

结合上述标签轻量化的特征，标签都是由提取的关键词或图形组成。根据产品属性和业务的不同，关键词的维度也有所不同。例如，偏向内容的平台一般都会从内容中提取关键词，来达到为其他同属性内容引流的目的。

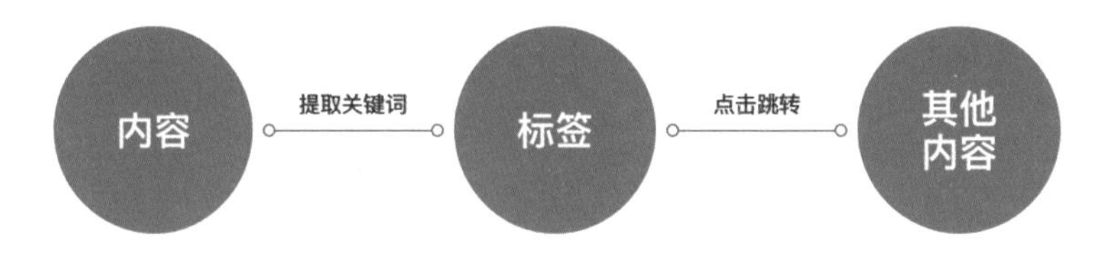

而电商快销类平台则是为了达到业务目标，尽量突出与用户利益相关的优惠活动。例如将热销、精选、满减等目的性特别强的词语作为关键词。

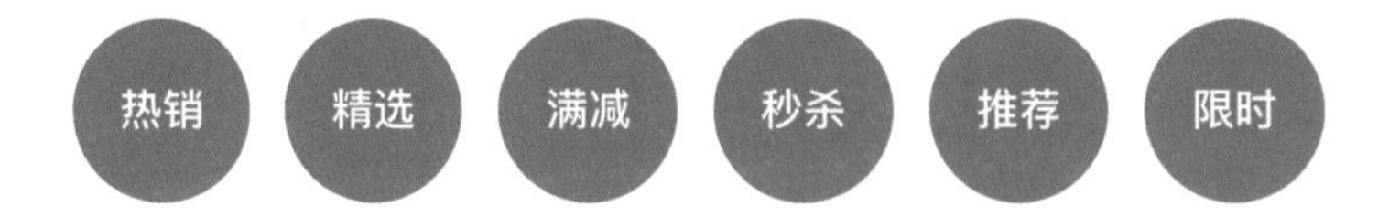

2. 交互操作

标签设计的最终目的其实是帮助用户完成交互操作，其主要形式分为可点击交互和不可点击交互两种。

可点击交互的标签一般多用于产品内部流量分发、为其他同属性内容导流，点击标签进入其他页面；不可点击交互的标签则是辅助业务模块，通过关键词信息刺激用户点击业务模块。如果用户对于是否点击该业务模块还心存犹豫，这个时候就需要标签设计作为助力剂，正确地传递关键信息，刺激用户点击。

标签的使用场景

标签的使用场景较为广泛，这里归纳总结了几种常见于现有 App 的使用场景。

1. 产品展示和运营活动

产品展示和运营活动是标签最经常出现的两个场景，因为这两个场景都具有很强的目的性。

产品展示的目的是为了提高用户的点击购买率，所以除了商品基本信息之外，需要添加更加符合用户利益的关键词标签来吸引用户，辅助其完成点击跳转的任务。这种使用场景在电商平台中十分常见，这里以小红书为例，如下图所示：

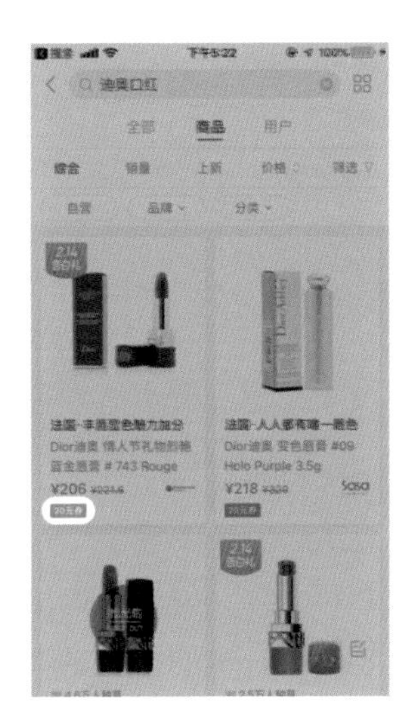

小红书

小红书的商品展示模块会将“折扣信息”和“自营”等标签放在底部，一方面刺激用户直接点击购买，另一方面方便用户根据关键词去判断选择哪种购买的方式会更加实惠。

运营活动则更多是为了激发用户的参与感，需要从多方面赢得用户的信任。一般情况下会通过关键词加强与用户之间的情感和利益联系，从而促使用户在短时间之内做出决定。这里以下厨房为例：

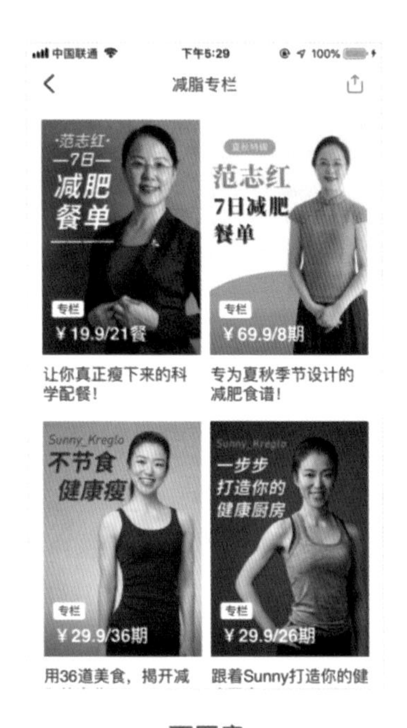

下厨房

下厨房的活动区通过添加“夏秋特辑”的标签，来满足用户潜在对夏秋养生的需求；通过底部添加的“专栏”标签来提高活动的专业度，赢得用户的信任。下厨房从潜在需求和专业的角度促进了用户点击参与的欲望。

2. 模糊推荐

用户进入一个新的场景的时候，还没有明确的目的，这个时候需要提供“兴趣标签”来引导用户根据平时自己的兴趣爱好选择标签，产品再基于用户选择的标签来推荐用户可能感兴趣的内容，避免用户因为内容不符合喜好而直接关掉页面。最常见的使用场景就是兴趣标签页，以虎扑为例：

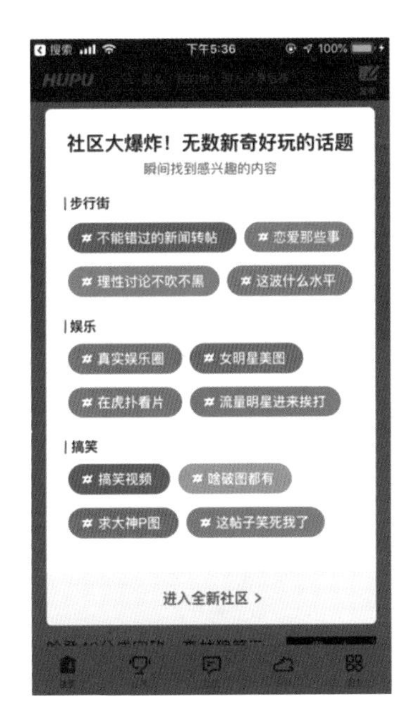

虎扑

在进入虎扑首页时，通过“兴趣标签”流的形式引导部分目的不明确的用户来选择自己感兴趣的标签，进入自己感兴趣的话题当中，满足了用户的潜在需求。

3. 内容导流

为平台内其他内容进行导流也是标签重要的功能之一，常见内容导流的方式有两种：一种是文末出现关联性标签，另一种则是搜索时出现关联推荐。

当用户浏览完当前的内容后，会有浏览其他相关联内容的潜在需求，这个时候可以通过从文中提取“关键词”标签来满足用户这一需求。一般关联标签会出现在文末的底部，用户在阅读完文章之后根据自己的需求进行选择点击。我们以简书为例：

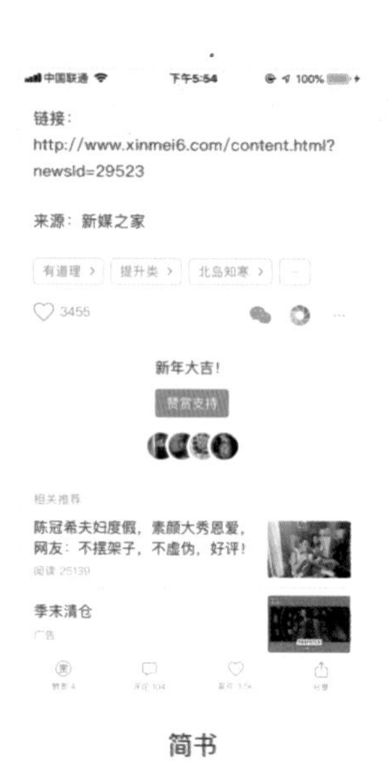

简书

简书通过从内容中提取相关的“关键词”标签，满足用户浏览同属性内容的潜在需求，同时达到了为平台内其他内容引流的目的。

搜索时出现关联性推荐是产品为内容进行导流的重要方式之一。App 会根据用户日常浏览的数据和近期的热点进行关键词推荐。这种场景下，通常会弱化标签的视觉冲击力，这样做既不影响用户的主观性搜索，同时又为用户提供了推荐选择。我们以转转为例：

转转

转转的搜索界面会显示“推荐搜索”和“历史搜索”，以标签的形式来展示平台内的热门商品，从而达到为其他商品导流的目的，促使平台内部的流量分发平衡。

4. 筛选分类

通过标签进行筛选分类能帮助用户更加精准地选择所需要的内容。这样用户可以自主地在一定范围内浏览自己感兴趣的内容，避免耗费大量的精力和时间去浏览无关信息，提高了用户的阅读效率。以淘宝的评论区域为例：

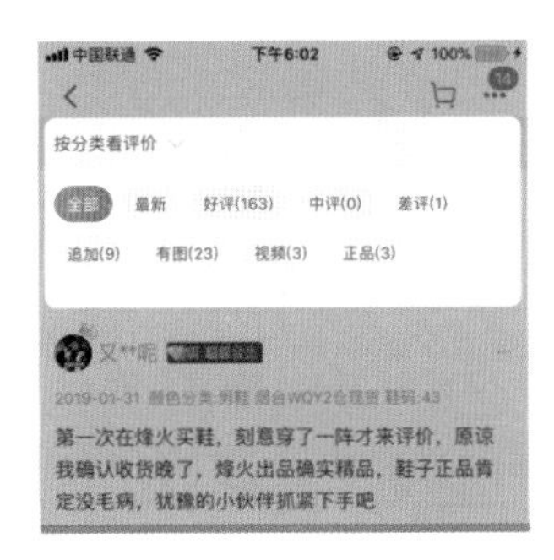

淘宝

淘宝的评论区域通过算法将评论的内容分为几个不同的维度，再通过标签的形式展现，用户可以根据自己的实际需求进行筛选，浏览自己感兴趣的评论。这样帮助用户提高了浏览的效率，减少了用户在时间、精力上的消耗，节约了成本。

5. 填写评论

传统的评论区域需要用户填写大量的文字，对于工具类型的 App 而言这是一项高成本的操作，但是我们可以根据用户常用的评论数据，预设成可点击的标签形式，用户可以根据实际的情况进行选择关键词标签，代替手动录入评论。这样减少了用户操作的交互路径，极大地节约了用户的时间、精力投入。

例如，日常生活中我们使用工具类型的 App 完成某项操作任务之后，App 会主动提示我们进行评价，这时我们就可以通过选择标签的形式进行评论。这里以滴滴出行为例：

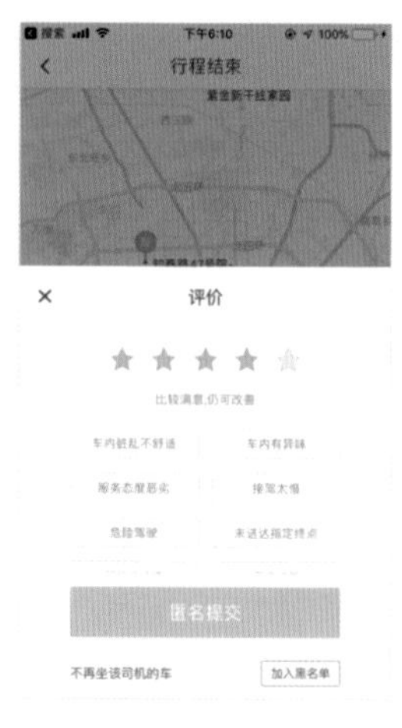

滴滴出行

滴滴在完成行程和支付环节之后，会自动弹出评价页面，而这个时候用户通常是没有过多的精力去处理这些事情的。为了提高用户的评价数量，滴滴将常用的评价提炼成关键词，用户可以通过点击预设的评价标签来完成评论任务，这样能有效减少用户所要消耗的精力，优化用户体验，提高信息采集率。

画重点

（1）标签是事物抽象出来的定义，方便用户标记和机器识别；它的主要特征是开放性、轻量化、参与性。

（2）标签的主要作用是信息传递和交互操作。标签通过提炼的图形或者关键词进行信息的传递，用户再根据信息结合自己的实际需求进行交互操作。

（3）标签的使用场景较为广泛，主要出现的场景有：产品展示和运营活动、模糊推荐、内容导流、筛选分类、填写评论。

参考资料

关于标签以及推荐的设计？　https://dwz.cn/6t0nzi1r

标签设计、理查德塞勒和 Dark Pattern　https://dwz.cn/WKL5SOBa

10　聊天气泡框常见问题

文 / 刘芳

聊天界面看似比较简单，但是新人往往会忘记给聊天气泡框做适配，最后导致落地效果参差不齐，增加开发和验收成本。本文主要和大家分享聊天气泡框的常见问题和对应的解决方案。

新手常见问题

平时我们知道聊天气泡框会随文字多少变化，宽高也会随之变化，但是标注时就容易忽略掉了这个前提，将其标成固定尺寸或者不标注让技术自己去写。不管是哪种情况，都会导致后期频繁的沟通调试，增加开发的时间。因此掌握正确可落地的适配方法非常重要，下面结合实例分别看看主要有哪些问题。

1. 文字气泡框直接标注具体尺寸

这是新手设计师常见的标注方法，采用该标注方式会导致小屏手机展示不完全，大屏手机展示又太空的问题，如下图所示：

以之前做的医生问诊界面来说，我直接将气泡框标注为固定尺寸520px，最后验收时才发现在iPhone 5 640px的屏幕显示时气泡框已经超出屏幕；而在iPhone 8 Plus 828px的屏幕显示时留白又太多，导致各机型展示效果不统一。

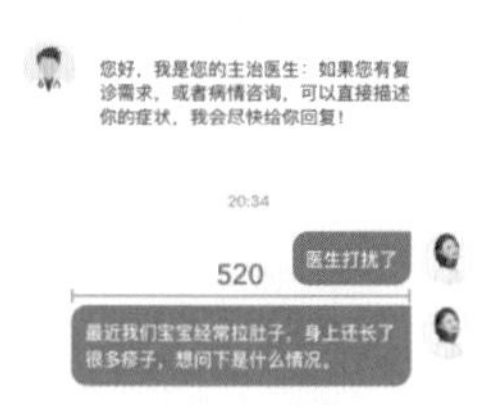

设计稿标注750px的屏幕

iPhone 640px的屏幕　　iPhone 828px的屏幕

2. 不同比例图片，气泡缩略图均展示方图

在发送图片时会涉及不同比例的图片，如果都采用方形展示，那么多余的部分就会被隐藏掉，采用该适配方式的问题是不能将图片信息最大化展现，占用屏幕空间，如下图所示：

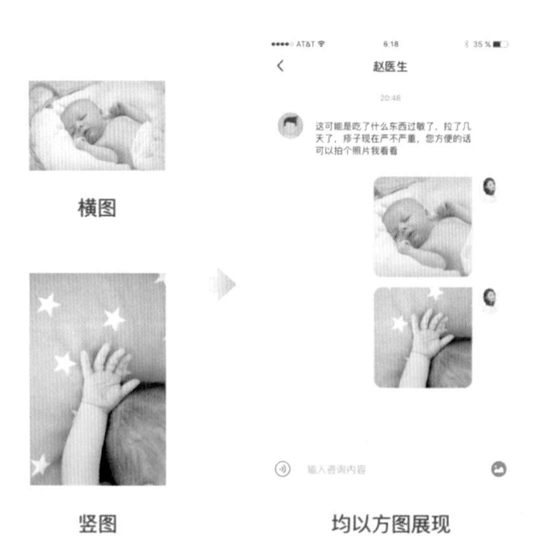

横图

竖图　　均以方图展现

还是以咨询医生这个界面为例，分别上传了横图和竖图，从图可以看到最终的缩略图效果都是方图，这样的展示方式对于用户量小的版本使用尚可，但是如果你的App用户量大，同时聊天界面使用率高，就需要考虑信息最大化展现了。

如何解决

以上两个问题都是我第一次做聊天界面时遇到的，通过查找资料、对各平台对比、和技术沟通、咨询设计前辈等方式，我总结了较为落地的适配方案。

1. 文字部分——采用百分比标注

由于气泡框的宽度随着屏幕宽度变化，因此采用百分比的标注方法，可以很好地解决多设备下不统一的问题。

计算方式：气泡框的最大宽度 （A）/ 屏幕宽度（W）=70%。根据该公式，我们也能够根据屏幕宽度得到较为适合的气泡框的设计尺寸，如下图所示：

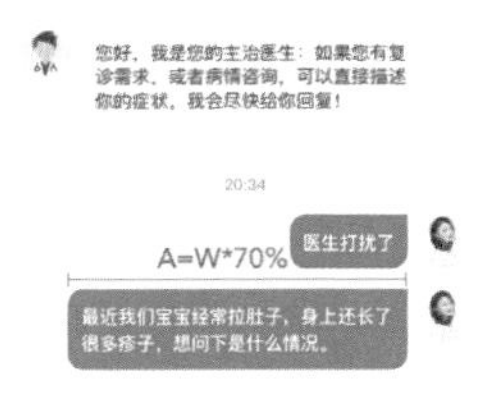

设计稿标注 750px的屏幕

iPhone 640px的屏幕　　iPhone 828px的屏幕

采用百分比标注后，适配到iPhone 5 640×1136分辨率的屏幕和iPhone 8 Plus 1242×2208分辨率的屏幕中就都不会出现显示不完全或者留白太多的问题了。

注意：在设计时百分比不是固定的，大家可适当调整。例如你的App留白比较多，那么这个数值可设置为65%；留白少可设置为80%，常规可设置为70%，然后再取8的倍数即可。以750×1334分辨率为例进行设计，气泡框按照常规比例设置为70%，那么气泡框的最大宽度(a)=750×70%=525px，最后取8的倍数为520px。

2. 图片部分——设置图片比例的阈值

聊天气泡框中的图片一般有正方形图、横图、竖图，为了最大化地保留图片长宽比样式，保证超长图信息的可识别性，首先需要确定图片适配规则和设置图片比例的阈值。

1）设置缩略图尺寸范围，以单边进行缩放

这是目前体验较好的方案，可满足各比例图片信息最大化的展示。因此，大家在设计时首先需要确定缩略图尺寸范围。以问医生的项目为例，在2倍图下我将其分辨率设置为300×300(该数值在保证展示效果的情况下，一屏可展示更多的图片)。

设置好缩略图尺寸范围后，图片如何适配呢？可以通过将图片最长边适配到缩略图中，然后再等比例缩放即可。我分别做了方图、横图、竖图的适配效果，如下图所示：

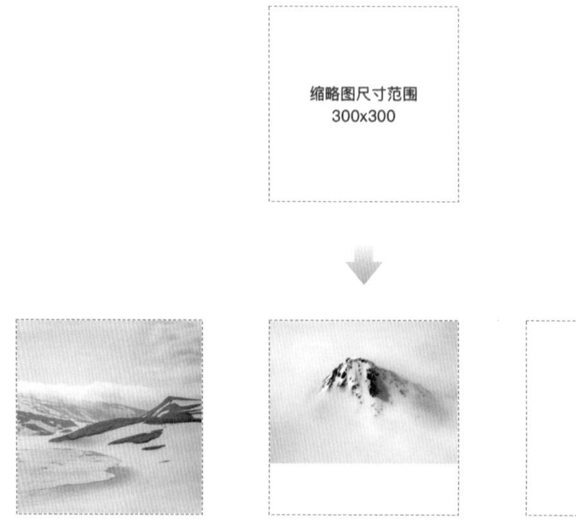

方图、横图、竖图适配到缩略图效果

2）设定图片适配的阈值比例

在实际场景中，往往会遇到特殊比例图片（如超长图），将其适配之后就会发现图片所占面积极小，不仅展示效果不佳，同时识别性也极低，如下图所示：

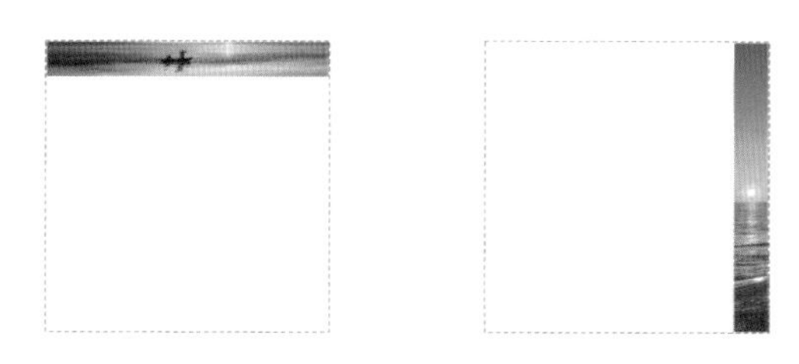

长图适配占比面积小，识别性低

因此在适配时我们还需要设置阈值，什么是阈值呢？阈的意思是界限，故阈值又叫临界值，也就是当图片的比例超过阈值时，其缩略图展示效果和阈值一致。考虑到图片的展示效果和识别性，将3：1作为阈值较为合适。

当图片比例小于等于3：1时，将图片等比缩放，最长边为缩略图的最大尺寸300px，如下图所示：

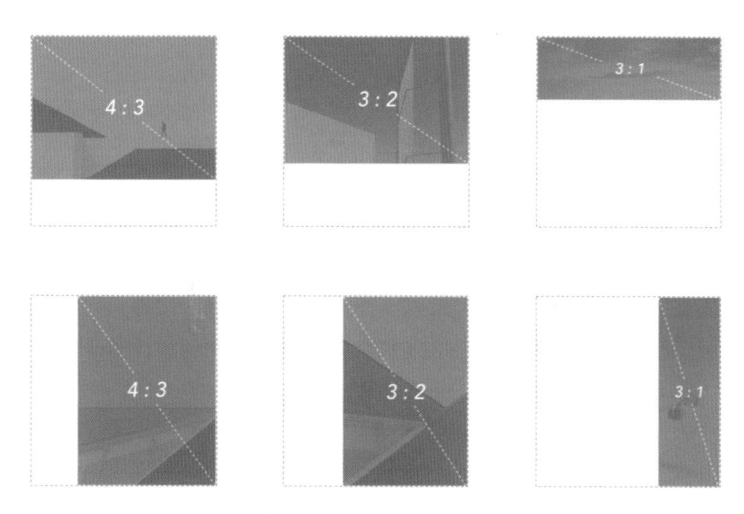

图片比例小于等于3：1

当图片比例大于3：1时，仍采用3：1的缩略图展示尺寸，多余部分进行隐藏，从而让图片更有识别性。

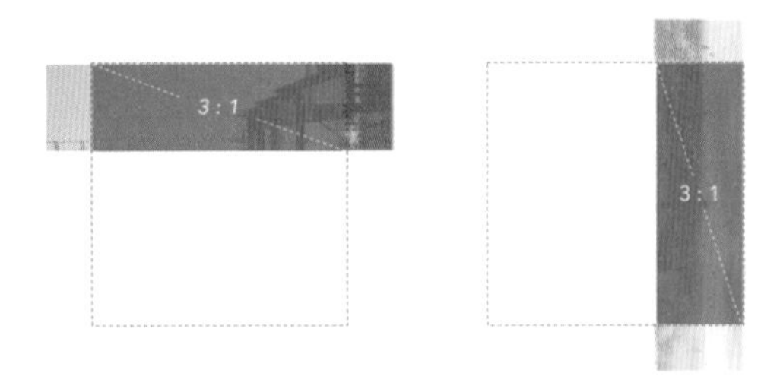

图片比例大于3：1

以上就是利用阈值设置缩略图最大尺寸，以单边进行缩放的方法。需要注意的是，当图片分辨率不足300×300时，需按照适配规则等比例放大到300×300后展示，这样当图片过小时，可以最大化展示图片信息，如下图所示：

图片大于300　　图片小于300

画重点

文字部分：在聊天界面中，文字气泡框适配最好采用百分比的方式进行标注，这样能保证各个机型展示效果统一，保证项目顺利落地。

图片部分：图片气泡框适配首先要设置好缩略图的取值范围，为了最大化地保留图片长宽比样式，图片适配采用设置两边边长的取值范围，以单边进行缩放，并设定好图片适配的阈值比例。

参考资料

聊天缩略图背后的故事：你不曾注意的那些细节　http://t.cn/R0H1273

聊天产品的设计策略—缩略图　http://t.cn/E5PlsoG

11　图片比例

文 / 刘芳

在设计时，我们会注意界面的排版、文字的对比、图标图片的美观，但是图片比例却很容易被忽略。一些设计师会通过参考优秀App的尺寸来设定，一些设计师直接凭感觉取个数值即可，并无规范可言。其实图片在设计时需要遵循一定的比例，这样会更符合产品定位以及方便后期维护。本文总结了五种UI中常见的图片比例。

图片常见比例

图片比例3：2

3：2这个尺寸其实源于135胶卷的比例，采用它并不是因为黄金比例，而是由相机的像场大小决定的。

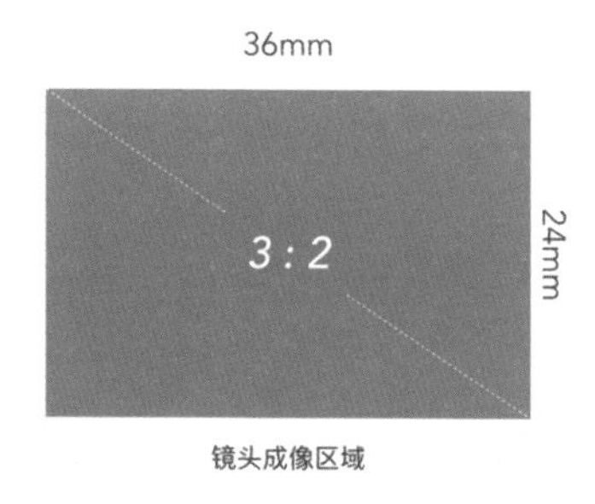

135胶卷的比例3：2

早期徕卡镜头的成像圈直径大约为44mm，而胶卷的宽是24mm，因此如果在直径44mm

的圆上截取一块宽为24mm的长方形，那么边长正好为36mm，也就是3：2的比例。同时由于徕卡相机的用户群巨大，因此其他相机厂商也逐渐将尺寸统一为3：2。

早期图片大多使用3：2的尺寸，但是随着移动设备的发展，手机很大程度上替代单反成为主流拍照设备，4：3和16：9的图片数量占比追上了传统摄影的3：2，几乎与其半分天下。目前我们看到一些租房、旅游类App仍然采用该比例，例如爱彼迎和携程。

爱彼迎　　携程–旅游

爱彼迎和携程的图片大多采用专业设备3：2的比例进行拍摄，因此采用该比例可以最大化地展示图片信息，便于后期的维护。

图片比例4：3

4：3是随着小型相机（例如微单）的出现而诞生的。受限于当时的传感器技术，大家要想把相机做得更小，就需要尽可能地在小体积上实现更高的像素，因此大家采用的方法就是把比例做得更方。所有几何图形中，对角线距离越相近，图形越接近圆形，图片占比面积也就越大。

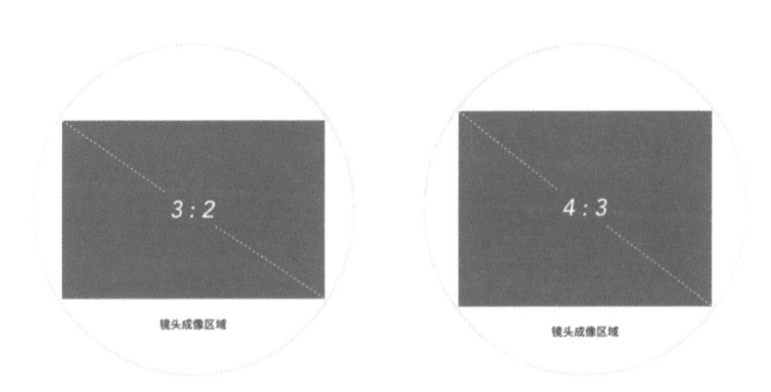

同像素下4：3 像场更大，也就是图片面积更大

相比于3：2的图像来说，这种比例可展示的信息更多，目前一些美食和图片类App多采用4：3的比例，例如厨房故事、in。

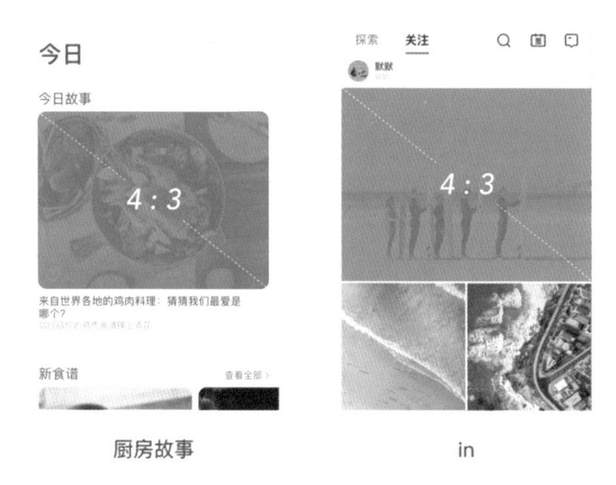

厨房故事　　　　in

在设定图片比例时，大家可能会纠结是选择4：3还是3：2呢？这里我有一个简单的方法，那就是看产品目标是以内容为主还是以图片主，例如Nice和厨房故事。

Nice　　　　厨房故事

由于Nice的产品目标是以展示内容为主，因此它的图片采用3：2的方式，其优势就是在同样的横屏大小中，可露出更多的图片。而厨房故事的产品目标是以美食类的图片为主，因此它的图片采用4：3的比例，其优势是单张图片面积占比大，可展示更多的信息。

图片比例1：1

1：1是传统的120胶片画幅，也叫中画幅，因为相机结构和其他一些原因，导致了胶片是方形的，一般为60mm×60mm，利用该比例可以将构图归整得简单，突出主被摄体的存在感。

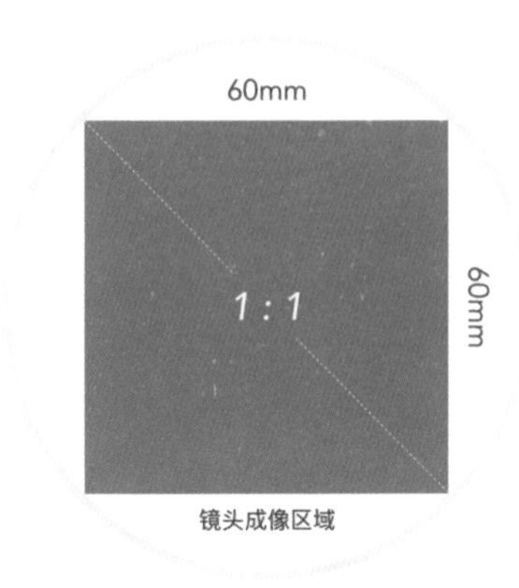

1：1是传统的120胶片画幅，突出主被摄体的存在感

因此该比例多用于需要突出主体的图片，例如电商类以图片促进销售的App，以及推荐类的图片列表中，例如严选、网易云音乐。

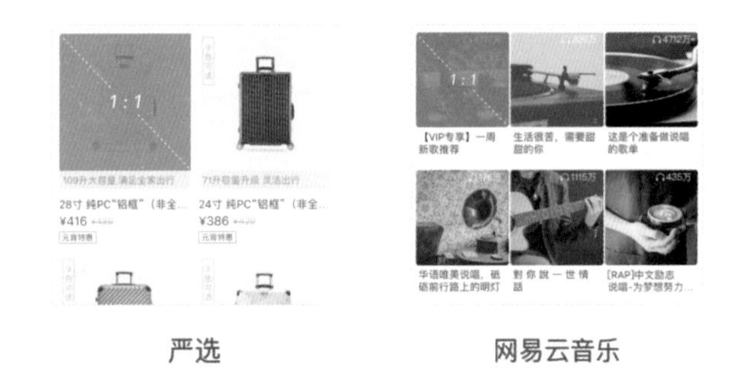

严选　　　　网易云音乐

严选等电商类的App由于图片直接决定了用户的点击量，因此往往会采用1：1的比例突出商品主体从而促进销售。网易云音乐的首页推荐也是采用该比例，其优势是可以展示更多的产品。

图片比例16：9

根据人体工程学的研究，发现人两只眼睛的视野范围是16：9的长方形，所以电视、显示器行业都根据该比例来设计产品，iPhone 5是首款屏幕比例为16：9的手机。

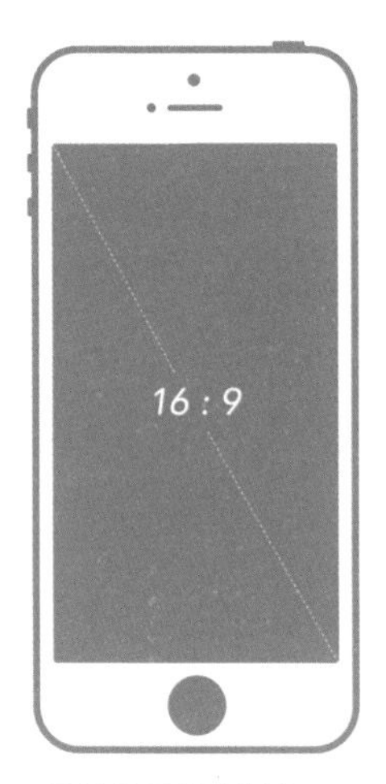

iPhone 5是首款屏幕比例为16：9的手机

在设计时，图片的尺寸设定和这些拍摄器材有很大的关系，因此在视频类的 App 中大多用16：9的比例，例如App Store、腾讯视频。

App Store　　腾讯视频

App Store的快照页在4.7英寸的手机（iPhone 6、7、8）上均是采用16：9的比例，这是由于它们的分辨率是750x1334，刚好是9：16；腾讯视频的列表图片也是采用该比例，这主要是因为电影、电视都是采用该比例。

图片比例3：1

3：1是聊天气泡框中图片适配的阈值比例，也就是当你发送的图片长宽比大于3：1时，其缩略图的展示范围仍然是3：1，多余部分进行隐藏，从而让图片更有识别性。

如下图所示，我分别上传了4：1的横图和竖图，它们的缩略图展示范围均和3：1一致，采用该阈值比例可以保证超长图适配之后具有好的识别性。

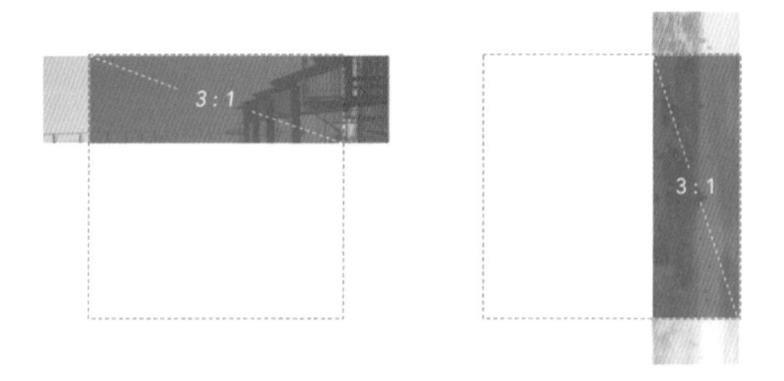

图片比例大于3：1

微信在适配时就采用这一比例。下图是我分别发送3：2、2：1、3：1、4：1、8：1几个尺寸时的显示情况，可以看到从第三张图开始，后面的几个比例展示效果均是3：1，这样可以避免直接适配出现一条极细图片的尴尬。

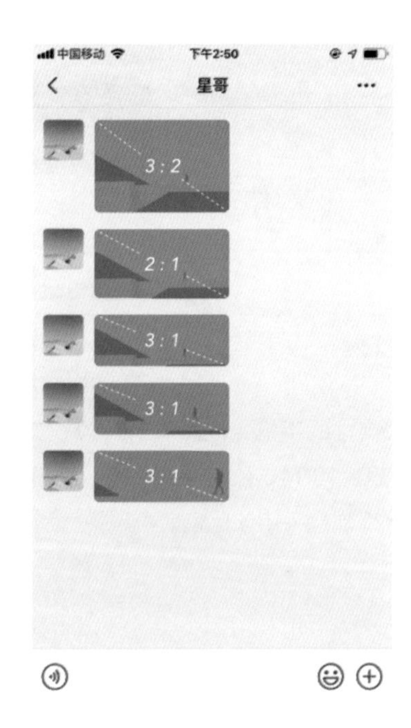

微信

画重点

大家在设计时需要记住，图片比例在设定时最好有一定规律，不要随意地设置尺寸。同时一个App中图片的比例不宜过多，最好不要超过3种，类似功能的图片采用同一比例。

另外在确定采用哪种图片比例时，先确定产品类型和产品目的。如果项目是电商类产品，主要目的是为了卖货，那么我们就选择1：1的比例可以突出商品主体；如果你是做视频类的App，那么你的产品展示列表就可以采用16：9 的比例。总之，在选择时需要做到符合产品定位、考虑维护成本，做到有理有据。

参考资料

既然16：9这么有大片范，过去为什么用3：2?　http://h5ip.cn/iLEA

12 关于卡片圆角的思考

文 / 姜正

我们最熟悉的苹果公司使用圆角卡片的最早历史可以追溯到1981年，当时苹果公司的天才程序员 Bill Atkinson 正向团队展示他是如何用一种聪明的方法在当时仅有 68000 处理器的 Lisa 和 Macintosh 机器上快速画出圆和椭圆。Steve Jobs 看了之后有另外的想法，他说：“圆和椭圆都不错，但是能画出带圆角的四边形吗？我们现在也能画出吗？”Bill Atkinson 回答说很难做到，而且他认为并不真正需要圆角四边形。Steve Jobs 就立刻强烈回应了：“到处都是圆角四边形！看看这个房间周围就知道了！”并且他还带着 Bill Atkinson 出去转看可以碰到多少圆角四边形。最后 Bill Atkinson 被说服，第二天下午就拿出了满意的结果。

手机工业设计趋势

正如 Steve Jobs 所说，到处都是圆角四边形。纵观2018年各大厂商发布的旗舰手机，在工业设计上基本都采用了更加柔和的圆角设计，例如iPhone、SAMSUNG、小米、VIVO等。

屏幕设计同样选择了圆角设计，在细节之处也保持了高度的统一，例如iPhone在摄像头位置的连接处同样采用了圆角弧度作为过渡。可见圆角设计已经在工业设计中成为非常重要的设计语言。

手机系统 UI 设计趋势

不止是手机的工业硬件设计上采用了大量的圆角，各大厂商手机系统的 UI 也是大量采用了圆角设计。

大家最熟悉的可能就是 iOS 系统里的圆角设计，自2007年 iOS 7发布，Apple 将 iOS 上标志性的圆角标轮廓做了更新，将工业设计中的曲线连续概念应用到了视觉设计上，并一直延续至今，在 iOS 12 中得到全面应用。

除了 iOS 系统，Android 系统的各大厂商也纷纷使用圆角作为设计语言，例如 SAMSUNG 的 ONE UI以及国内的 MIUI 10 的系统界面。

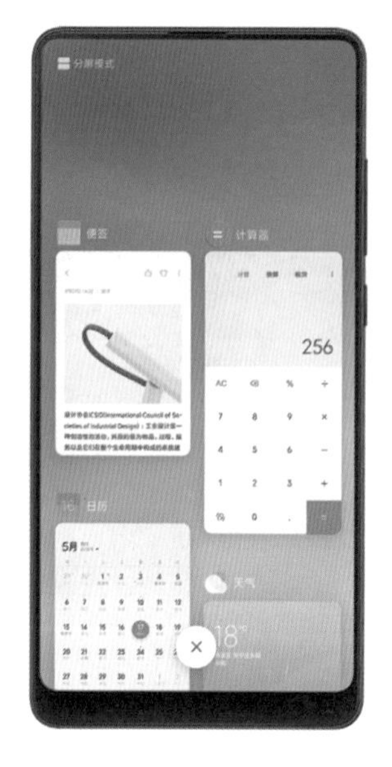

MIUI

人眼处理圆角更加容易

相对于其他图形，人类的眼睛在识别圆角弧形的时候更加容易。因为人眼生理构造上的中央凹 (是视网膜中视觉最敏锐的区域) 在处理圆形时最快，而处理矩形边缘时则需要涉及大脑中更多的“神经影像工具”。所以，人眼处理圆角矩形更加容易，因为它们看起来比普通矩形更接近于圆。

例如，App Store 中的 Today页面，每天推送的内容通过圆角的卡片设计呈现给用户，让用户可以快速识别当前模块。但如果换成直角的话，我们发现相对于圆角卡片它的识别成本明显增加。

App Store

在实际线上的大多数产品中，打开 App 弹出的运营活动弹窗多为圆角矩形，因为用户识别圆角矩形更加容易，如果换成直角的话则会提升识别成本，且显得生硬。

微博

在巴罗的神经学研究所完成的关于“角”的科学研究发现，角的凸显性感知与角的度数呈线性变化，锐角比钝角会产生更强的虚幻的凸显性。换句话说，角越锐利，看起来越明显，视觉冲击力越强，对周边环境产生影响越大。而圆角弧形则看起来更加柔和，易于处理，不会对环境造成过多的影响，如下图所示：

锋利的锐角　　圆弧形

例如西瓜视频在改版中，将“锐角”的播放按钮改成了“圆角”的播放按钮，减少了锐角对用户的视觉影响，使页面整体更加统一。

改版前　　改版后

圆角更加安全

圆角自身的图形属性更加柔和、舒适，给人一种安全感和亲密感。而尖角则给人一种尖锐、具有攻击性的感觉。我们可以回忆一下日常比较尖锐的物体，例如剪刀、镊子、警示牌等，都会给人带来伤害或者警示他人的意向。

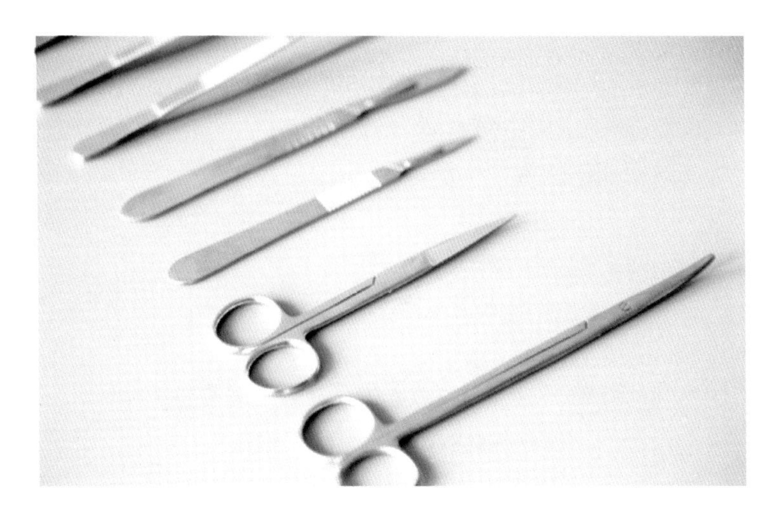

在设计玩具的时候会采用大量的圆角设计，来让家长对其放下戒备心，让家长觉得这是安全的，可以给孩子玩。试想哪个家长会给孩子一把刀玩?

现在的少儿用户群体也在逐年增长，针对少儿用户，由于群体的特殊性，少儿应用 App 中使用了大量的圆角设计。例如 ABC mouse 中控件都使用了大圆角的设计，首先是提高了页面按钮的识别性，其次是圆角设计给用户带来安全可靠的感觉，让用户更加信赖产品。

ABC mouse

圆角使得信息更易于处理

圆角在使用地图或图表的场景中具有的得天独厚的优势，圆角的弧度能够更加平滑地连续引导用户的视线，符合用户的头部与眼睛的自然运动；而锐角则会迫使用户的视线进行强制转折，容易造成用户的停顿。

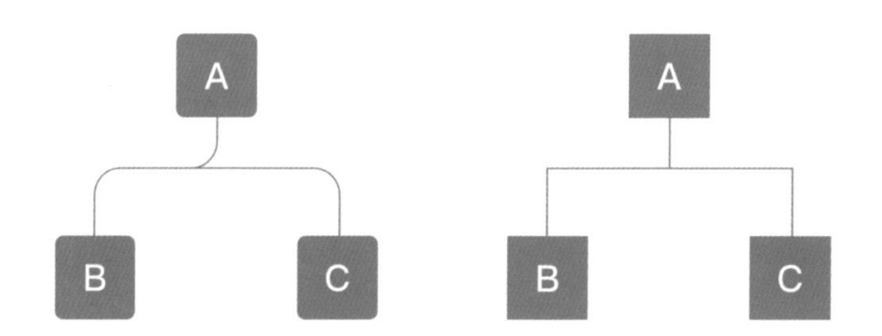

例如北京的地铁地图，在折线处大都采用了圆角设计，具有很强的引导性，来帮助用户快速查询各个地铁站点。假设换成了直角的转折设计，在本来就嘈杂拥挤的地铁环境里，乘客将付出更多的成本去查看地铁线路。

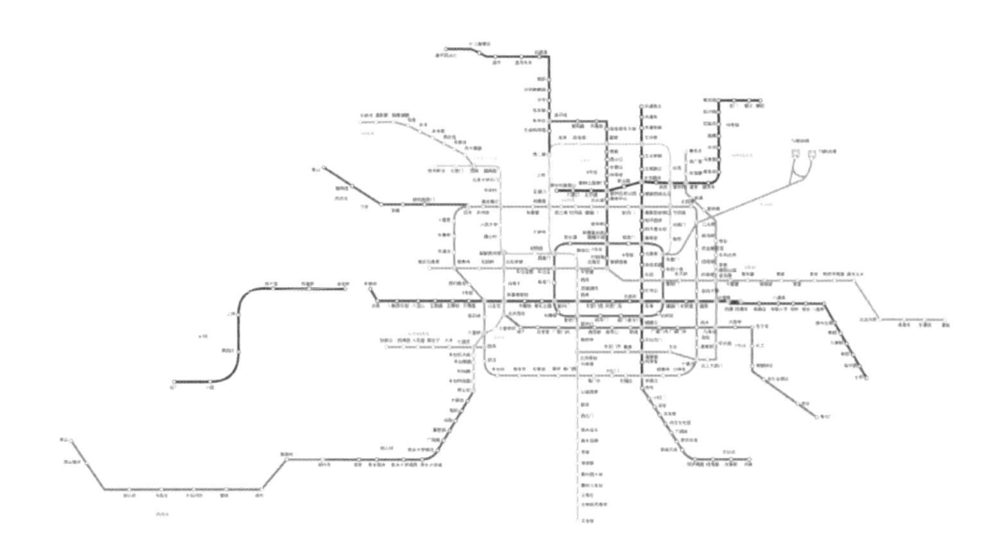

在圆角矩形中，由于边缘圆角向内指向矩形中心的感觉更加明显，所以使用圆角卡片能更加凸显卡片中央的内容，如下图所示：

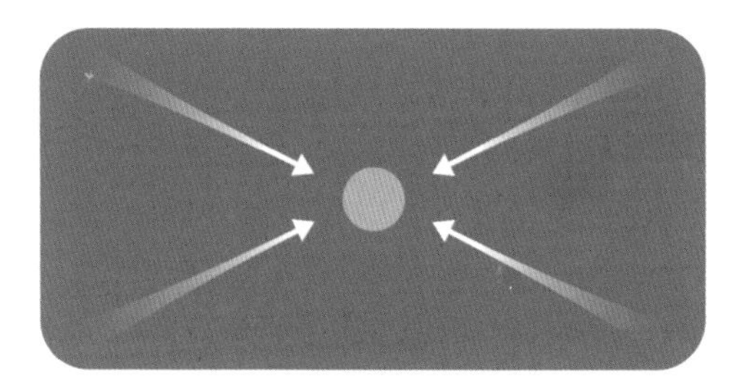

圆角的指向性

当多个卡片并排时，带圆角的卡片具有更强的内部指向性，且相邻的两条线差异化较大，我们可以清楚分辨它们的边界线；而同样大小的直角矩形的内部指向性较弱，临近的两根“线”更加相似，分辨起来会相对困难一些。

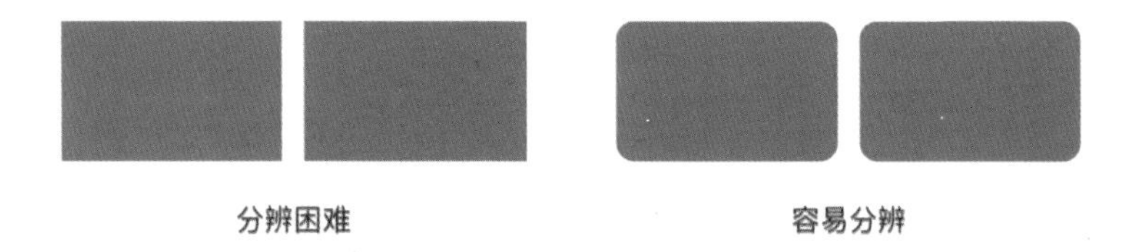

分辨困难　　　　容易分辨

例如App Store页面，通过简单的修改，我们再次比较一下直角与圆角在实际中的应用。可以看到，在识别直角卡片的时候我们需要耗费更多的精力，而圆角卡片则不会耗费过多的精力，且由于圆角的内指向性，圆角卡片能够更好地衬托卡的内容。

App Store

通栏式卡片与圆角卡片

卡片设计已经成为最常用的设计语言之一。最后本文从空间利用率、视觉识别性、沉浸感三个维度来对比一下通栏式卡片和圆角卡片的区别，总结一下圆角卡片的优缺点。

1. 空间利用率

通栏式卡片比圆角卡片的空间利用率高，同等情况下通栏式卡片可承载更多内容。圆角卡片需要在规范好的内容区之内，卡片的内容与卡片边缘还需要一定的间隔距离，导致了内容区域的缩小，而通栏卡片则没有这样的烦恼。

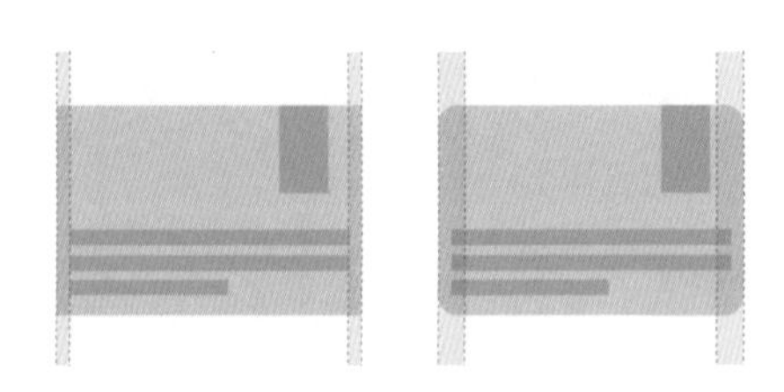

2. 视觉识别性

圆角卡片比通栏式卡片的视觉识别性更加突出，因为人眼识别圆角矩形比识别直角矩形更加容易，所以需要突出内容的时候首选圆角卡片。例如，产品中穿插的运营 Banner 设计基本都会选用圆角卡片的形式，下图左侧直角卡片的识别性就相对较弱。

淘宝

3. 沉浸感

通栏式卡片比圆角卡片的沉浸感更强，因为圆角更容易被识别，而直角则不容易被察觉。常用 App 中的 Feed流几乎都是通栏式卡片，例如same 和豆瓣。

same

豆瓣

因为圆角希望你能够快速识别卡片上的内容，并能够与周围的元素有所区分，强调卡片内的内容，所以圆角卡片常常打断用户的沉浸感，目的性更强一些。例如京东和淘宝的个人页面，各模块均使用圆角卡片，能够更好地区分业务组和促进用户聚焦当前的业务操作。

京东

淘宝

画重点

（1）从手机的工业硬件设计到内置系统的 UI 界面设计，都采用了大量的圆角，佐证了圆角设计已经成为主要的设计趋势。

（2）人眼在处理和识别圆角图形的时候更加快捷方便，而处理锐角的成本较高，且锐角对周边的环境影响较大；圆角给人的感觉更加安全且具有亲密性，而锐角则给人一种尖锐感，具有一定的攻击性。

（3）圆角的弧度符合人眼和头部的自然运动，具有良好的引导性；在卡片中能够清晰区分卡片的边界；圆角具有优秀的内指向性，可以更加凸显卡片中的内容信息。

（4）在通栏式卡片和圆角卡片的对比中我们可以发现：通栏式卡片利用空间更加充分，而圆角卡片的识别性更好；通栏卡片的沉浸感较强，但圆角卡片更加能够突出当前的内容。

参考资料

Material Design 2来了？比圆更圆，圆了又圆　https://dwz.cn/AcFjJw0y

从图标转角论亲和力的差异【含图标教程】　https://dwz.cn/BYdmeGc3

无框界面　https://dwz.cn/W7RGlbC5

浅析圆角特征在产品设计中的应用　http://www.doc88.com/p-9592118891884.html

从圆角到圆角　https://dwz.cn/EvHt3SLG

西瓜视频 3.0改版总结　https://dwz.cn/db7KXKMH

第2章

/

能力效率提升

01 一套图标的诞生

文 / 付铂璎

图标一直都是移动端界面中的亮点之一，图标风格的准确性，取决于我们对产品属性的认知。产品中好的图标不是独树一帜，而是要融入整体，给用户舒服的感觉。

多数人的误区

目前很多设计师走进一个误区，莫名觉得自己不会画图标（动手能力不足），其实是思维束缚了自己。图标的难点不在于动手画，而是在于画图标的思路和总结的过程。要学会挑选不同的参考，揉碎之后融合到你自己的图标中，这样才能做出有创意的新图标。

图标设计流程

第一步　找参考风格

根据产品定位去素材库或者各大设计网站选择合适的参考图标。如下图所示，最终选中了两种粗线型的图标风格作为这次图标的原型参考。

第一组图标参考

第二组图标参考

第二步　总结设计规范

整理每组参考图标的设计规范，这一步很关键。我们需要罗列出两组图标的属性。

第一组图标参考

第一组：线宽为9像素，直角，内部加有不同的元素，每个图标一种颜色，线条与线条连接，实色。

第二组图标参考

第二组：线宽为12像素，圆角，内部无其他无素，每个图标含多种颜色，线条与线条重叠，半透明色。

第三步　确定产品属性

通过跟踪目标用户以及产品属性确定图标风格。以下图为例，总结的产品风格为游戏性、可爱、圆角为主、色彩丰富。在多数情况下拿到原型图时就已经明确了产品的风格走向，所以第三步的确定产品属性和第一步的找参考风格可以同步进行。

效果图案例

第四步 提炼

根据自身的产品属性，挑选上面两组图标的特点作为自己的图标的设计属性，选择思路如下：

（1）由于界面本身以圆角为主，所以毫不犹豫地也选择了第二组的圆角；

（2）第一组颜色过于单一，游戏风格不够强烈；第二组颜色过多，放在原本颜色丰富的界面中会显得凌乱。最终融合了两组的颜色特点，确定图标为两种颜色，且两种颜色为近似色，这样图标既不会过于单调，又不会太花；

（3）选择图标细节、线宽，我选择了第一组。考虑到图标内部会加入一些其他元素，不会像第二组图标内部没有其他元素，线太粗会影响里面细节的展示；

（4）选择特性，我很喜欢第二组图标的重叠感，增加了图标的细节，所以我选择它作为我的图标特色。

提炼参考要素

第五步 图标的基本原型

一个常常被忽略的重点就是找原型参考。举个例子，我们要做第一组的第一个单机图标，怎么找呢？我通常会去阿里巴巴的矢量图标库搜索相关的图标原型，选出至少5个好看的图标作为原型参考。

原型图标参考

因为是单机游戏，所以要找到符合单机游戏特点的样式。最终我选择了“参考2”为我的基本图标造型。找图标的原型参考时一定要拓宽思路，很多读者总是想着做线性图标就找线性的，其他风格的完全不看，这样会损失很多好的图标造型。

第六步　融合

最后一步融合也是最简单的事情，完全就是熟能生巧的软件运用了。只要平时多练习画图标，这一步就非常简单，下图是结合的过程。

图标的进化

得到了最终融合后的样式，就算是大功告成了。如果还想让自己的图标和原型相差多些的话，可以改变一些细节的处理。最后放上五个图标的完成品。

原型图标参考

画重点

（1）多数人的误区：觉得图标难画。但其实难点在画图标的思路和总结的过程。

（2）图标设计流程：第一步，根据产品定位找参考；第二步，总结并确定参考的设计规范；第三步，确定产品的属性；第四步，提炼参考图标中的特点；第五步，查找图标的基本原型（与第一步有所区别的是所找参考为基本图形，不需要过多的创新）；第六步，将上面所总结的特点与最后选定的原型图标相融合。

无论是图标还是界面，做设计的过程中，我们需要不断地收集素材进行总结，寻找灵感和创意。对他人作品的优点给予关注，仔细揣摩作者的思维方式、创作理念，而不是照着原作品去努力使自己的作品达到同样的效果。加入自己的思考和尝试，才会有更好的效果。

02 手把手教你制作设计规范

文 / 吴萌

互联网时代产品迭代速度日益提高，设计师再也不像之前那样，可以单打独斗地去完成一个项目，更多的是需要团队的配合。而不同的人做同一个项目的时候，就需要有一个基本规范，这样才能把控最终输出的结果。本文要讲的就是如何制作一份高效且能真正落地的视觉规范。

新手的困惑

记得刚开始工作的时候，负责过一个全新的项目。由于团队也只有我一个设计师，经常出现这样的情况：开发者要改一个参数的时候，总是习惯性地直接问我这个地方是什么颜色、主色调是什么、图标是多大、分割线的颜色是什么……

那时候潜意识就觉得这些东西是需要有个规范文档的，把一些常用的内容，例如色值、字号、按钮、图标、间距等都放在一起，团队成员在有需要的时候能够快速找到。

于是就上网搜了很多别人做的设计规范，自己依葫芦画瓢做了一份，满心欢喜地给到开发者的时候，却被告知很多东西都派不上用场。例如字体规范里写的“一级标题”，每个人所认为的一级标题是不一样的，所以光写一级标题的话，别人也不知道具体指的是哪里。

颜色	字号	使用场景
#000000	32px	重要内容一级标题
#666666	24px	提示性文字
#FF8900	24px	文字点击状态

再例如图片区域，规范得太死了，根本没留适配的空间，就像个标注，但其实现在看来作为标注也是不合格的。

头部Banner图尺寸标注样式

结局就是，花了很长时间做的规范只是自嗨，实际上对于团队来说一点作用都没有。事后我一直在想什么样的规范是适合小公司的呢？什么样的规范又能够真正节省团队时间、提高工作效率呢？

而现在工作了几年之后，对这些有了更多的理解，所以就想把这些都总结记录一下，就算写给刚工作时候的自己。当然也希望在写给自己的同时也能够帮助更多读者，节省一些踩坑的时间。

关于设计规范

在说具体怎么做规范之前，我想先就规范本身的意义来进行说明，讲一下为什么需要做规范，以及什么样的规范才是好的，知其然知其所以然。

1. 为什么要做规范

很多在小公司的设计师都觉得，整个公司只有自己一个设计师，所有的设计稿都是自己一个人做的，风格肯定都是统一的，所以没必要花那么长时间去做一个没有用的东西。

但其实规范本身并不是只给设计师用的，它更大的作用是服务于整个团队，例如方便和开发者之间的沟通，帮助他们制作统一的组件，以后用到的时候直接调用。

而对于设计师来说，也不用重复作图、重复标注，改动一个模块的时候就能同步改动所有，大大提高了工作效率。

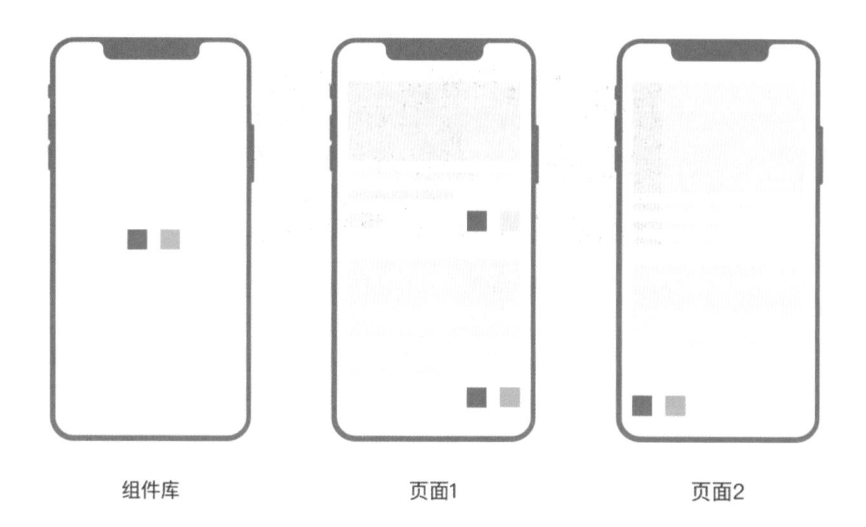

组件库　　页面1　　页面2

而且有时候就算设计稿是同一个人的，也很难保证前后界面的参数是一致的，毕竟人的精力有限，事情多的时候，很容易出现记忆偏差。

可能你在前面颜色、图标、模块间距做的是这样的，到后面相同模块的时候，就会做成另外一个样子。这种小问题到后面再去修改不但浪费时间，还容易遗漏，而前期花时间定义好规则，整理好规范，能够有效避免这个问题，磨刀不误砍柴工。

页面1　　页面2

2. 什么样的规范才是好的

一个好的规范，首先得有人愿意用，否则你做得再好也都白费了。来换位思考一下，如果你是使用者，你希望看到一个什么样的规范文档？

对于我而言，最重要的不是它做得多么细致、多么完美，而是我看得懂，我能够在30秒内找到自己想要的东西，并且能够对当前的工作有帮助。所以说规范要简单易懂且有指导意义。

3. 需要注意的地方

（1）规范最好是当主要界面的设计完成之后，再来制作，切记不要一开始就着手制作规范，这样很容易出现前期制定的规范在后续的页面上沿用不了的情况。我一般是把每个Tab的一级页面再加上几个二级、三级页面都做好之后再开始；

（2）不要因为规范而限制了自己的思维，当发现规范有问题的时候，要及时去修正，而不是做了一次之后，一直沿用，永不修改；

（3）规范要 “因地制宜”，切实可行，不要流于形式。

哪些规范需要优先确定

1. 设计图尺寸

虽说现在大多数人都是以750 像素(2倍率) 为设计稿，但也还是有人在用720 像素(2倍率) 的尺寸，或是375 像素(1倍率) 的尺寸。所以设计之初要定一个统一的设计尺寸，特别是多个设计师合作的时候，千万不要想当然地以为别人都和你一样。

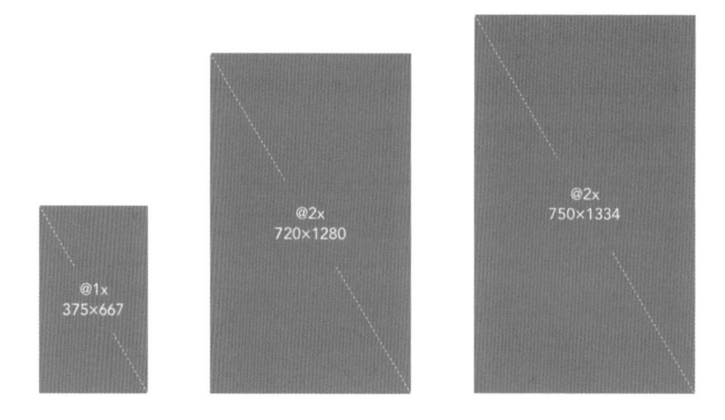

2. 间距大小

间距包括页边距、模块与模块的间距，这种全局的间距大小必须要一致。页边距的大小很好定，基本上以20px、24px、32px居多，根据产品特性定一个统一的就好。如果不知道怎么定，可以多去看看大厂或者同类型产品的规范，尽量不要凭感觉定。

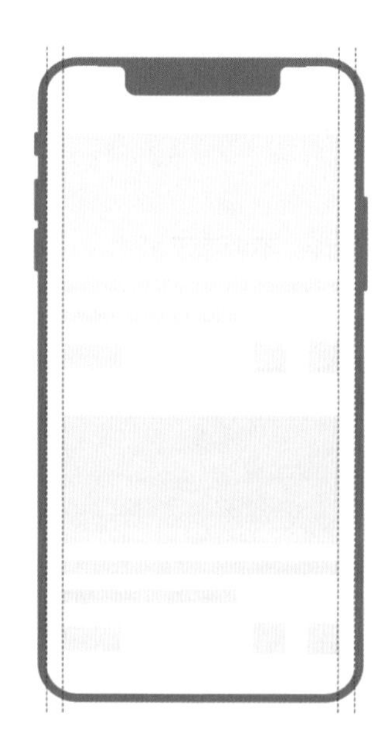

而模块与模块的间距就相对复杂一点，在定之前需要先确定模块之间的分割方式，是用线、面还是留白，然后再确定间距。

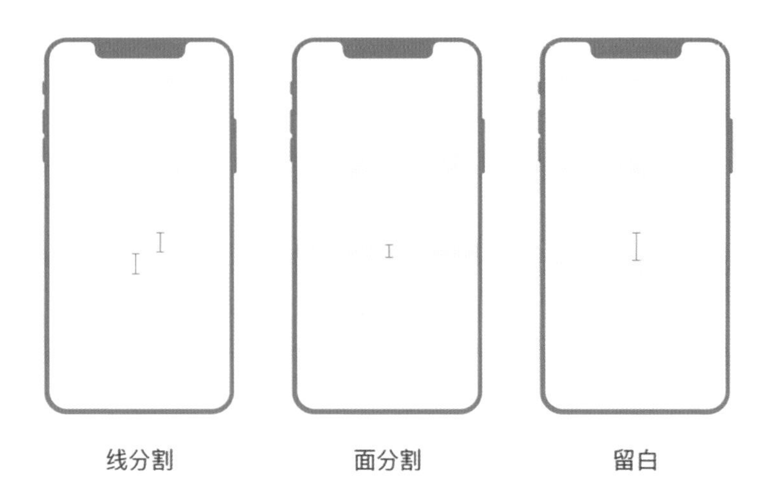

确定好模块与模块的分割方式后，还需要确定模块内部的分割方式，确定之后就要严格执行。例如规范定的模块与模块用线，模块内部用留白，那后续所有页面都需要按照这个规则来（特殊情况可不受此限制）。

3. 颜色

颜色包括基础标准色（主色）、基础文字色，还包括全局标准色（背景色、分割线色值等），这些都需要标好色值以及使用的场景。

当颜色是渐变的时候，也需要标清楚渐变的颜色。

4. 字体

不需要把页面所有的字号都放到规范里，只需要把常用的字号及其所使用的场景写清楚就好。需要注意的是，使用场景要写一些带有明确指向的描述文字，例如顶导航标题字号、Feed 流正文、详情页标题等。

样式	字号	使用场景
橙子的橙子	32px	详情页标题（加粗）
橙子的橙子	24px	Feed 标题
橙子的橙子	24px	用户昵称 & Feed 操作栏文字

还有一点也不能忘记，那就是行间距，不管是一行文字还是多行文字，我们都需要标清行间距，也就是行高，如果是段落的话还需要标注段落间距。

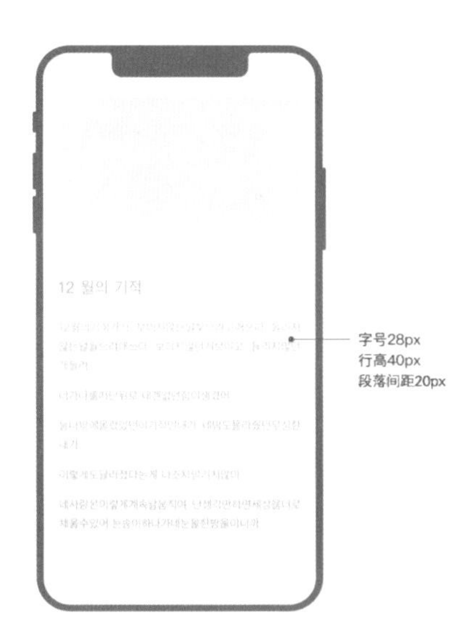

为了避免团队的其他成员忽略了文字的行间距，我们需要在做规范的时候标明，所有文字必须注明行间距。

5. 图标

项目紧急而人员又不足的时候，可能没有那么多时间去把所有图标都画得精细，那这个时候我们可以先定尺寸。当然这里说的“定尺寸”不是让你把页面内所有图标的尺寸都定好，而是说优先定几个大模块的尺寸，例如顶导航、底导航、个人中心等。

等后续空闲的时候我们再去细化这些图标，开发者也只需要换张图，不影响其他。建议图标尺寸尽量不要过多，例如32px、36px、40px、48px都有，这样会显得凌乱无序，而且这些完全可以统一成两个标准，例如32px、48px的，因为图标是可以有留白区域的，也就说图标本身大小可以是40px，但是切图尺寸是48px。

这样做的好处就是图标大小种类较少，方便记忆也显得专业，毕竟谁也不希望最后整理出来的规范里有32px的图标2个、36px的图标2个、40px的图标2个，这样并没有提高效率，所以建议图标尺寸不要太多。

6. 按钮

按钮规范包括它的大小、色值、圆角度以及默认状态、点击状态、禁用状态。

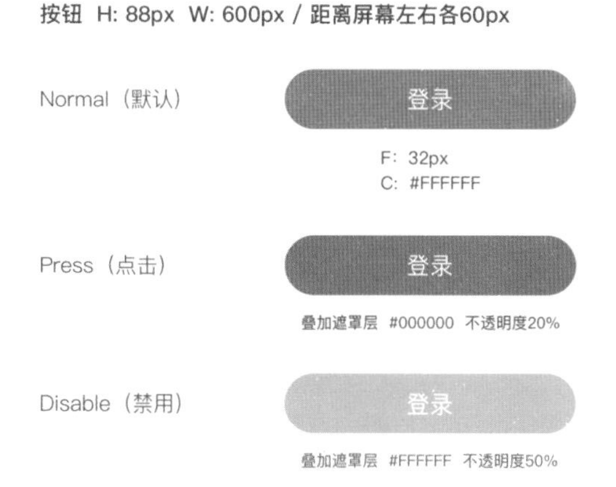

前期在制定规范的时候，我们可以先定大、中、小三个尺寸的按钮样式，后期再根据实际情况做修改。

如果你的 App 内很多按钮都是文字+图标的，那么图标的大小以及它和文字之间的距离也是需要规范的。

7. 图片

图片包括 App 内出现的所有图，一般情况下都是产品图和头像。需要注意在制定规范之前，要先把图片比例定好，常见的比例有1：1、2：1、4：3、16：9等。然后再把每个模块所用的图片大小以及它的比例标清楚，如果图片有圆角的话也需要注明。

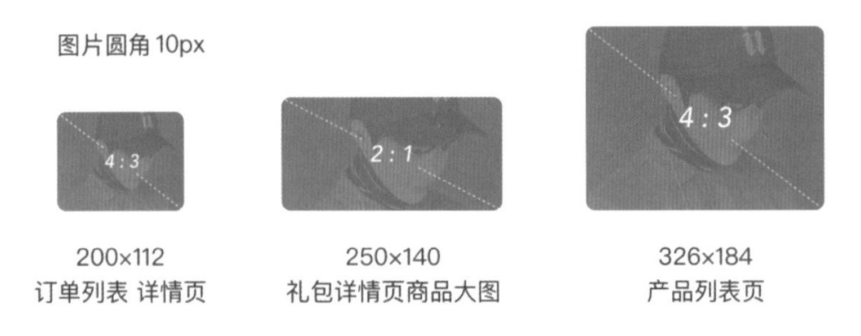

头像的尺寸可以定三个，大中小各一个，基本体量小的 App 都够用了。建议 App 内的图片比例有2～3个就好，因为这涉及后台上传，比例不一样的话，要么就需要开发者对图片进行裁剪，要么就需要留不同的接口，后期分别上传。无论哪一种，都是需要额外的人力成本。

8. 导航

1）顶导航

规范内容包括高度、字体大小、颜色，以及有没有分割线，有的话也要标明分割线色值；带不带图标、多个图标的间距等。

导航·顶导航高88px 背景 #FFFFFF　顶导航分割线色值: #e9e9e9

一级页面顶导航（4个底tab） #333333

●●●●○ 4G　4:21 PM　22%

24 56　一级页面标题36px　40　32 56 24

2）底导航

规范内容基本同顶导航类似。要区分文字默认和选中两种状态的色值。

底部导航 屏幕均分　文字默认 22px #99999　选中 #FF5339

3）二级导航

主要是一些筛选类Tab，需要标明文字大小、色值、选中后的横线大小，这里横线的样式目前常见的有两种，一种是固定的短线，不管上面文字多少，都是显示一样的短线；还有一种是和文字一样长的，无论哪一种，事先都需要定义一下。

筛选类tab 屏幕均分　文字默认28px #999999　选中 #333333

28px　文案　文案　文案　我是文案

9. 卡片相关

卡片包括很多模块，例如卡片标题、卡片列表、卡片基础样式，建议以高度为划分，如果内容差不多的话，就统一高度。例如都是图标+文字，一个高度是72px，一个是80px，就可以统一成一个。

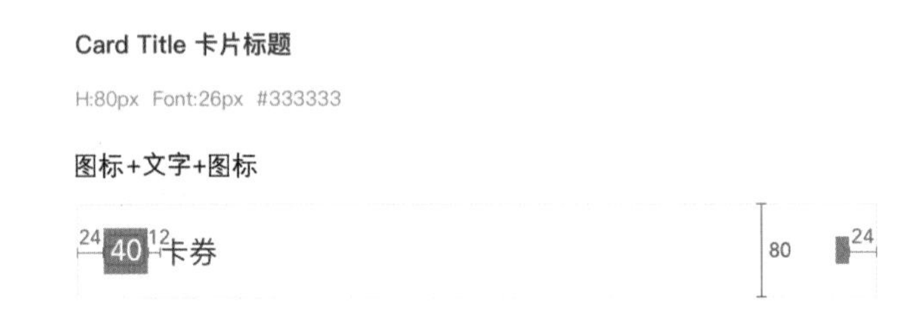

产品列表等一些可复用的卡片样式都可以做到规范里，统一样式，后期修改起来也比较方便。

哪些规范可暂定，日后再调整

前期因为各种各样的原因，例如时间不够、无法预知后面的情况等，没有办法把所有的规范都定好，这时候我们可以对一些后期改动成本小的模块暂时确定一下规范，后期需要修改的时候再统一调整。

1. 图标风格

在规范图标的时候，必须做的是把图标大小确定，对于图标本身的样式、风格、粗细等可暂时做几个示意的样式，等所有界面完成后，再来统一绘制。

2. 弹窗样式

很多时候我们并不清楚界面内都需要什么样的弹窗样式，文字最多有多少个，所以我们可以先定几个最常用的，例如双向操作（含确定、取消）弹窗、单向操作（只有一个操作按钮）弹窗。

哪些规范先不做

空白页插画、缺省页、占位图等，这些可以先不用急着做，等项目都完成后，再来做就可以了。前期项目紧急的时候，不要把时间都花费在这些小的页面里。

空白页插画

加分项

1. 目录

目录相当于一个索引，方便看的人对整个规范有一个大致了解，而且能帮助团队成员快速找到自己需要的内容。

2. 版式统一

规范文档既然是统一页面布局、方便团队协作的，那么它本身就应该统一，例如每页格式、标题大小、正文字号及颜色等都需要保持一致，这样才更能让别人相信这是一个经过深思熟虑做出来的规范文档。

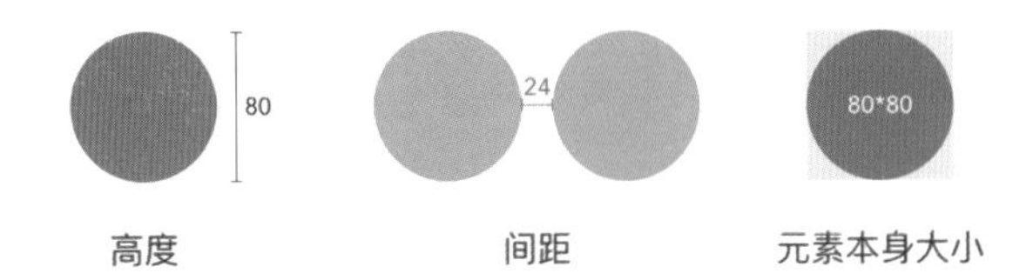

再例如文档里所有间距用绿色表示、元素用紫色表示、高度用红色表示等，让每个颜色的存在都变得有规律可循。

画重点

规范本身的作用是为了提高团队的工作效率，不要顾此失彼。小公司的产品不像大公司体量那么大，规范不需要完全照搬大公司的，而是要根据自己公司的实际情况，制作出一个适合自己的、扁平快的规范文档，让规范能真正发挥它的作用。

制定规范的时候不要想着一次性全部都定好，要有主次，前期优先定一些重要的，例如设计图尺寸、页边距、颜色、字号、图标大小、按钮、图片比例等；等后期页面做得差不多的时候，再去细化图标、空白页面等。

记住最重要的一句话：规范要能真正落地，能给团队其他成员带来切实的作用。不要流于形式，否则再好的规范没有人用也是枉然。

参考资料

如何用临摹来提升你的设计能力　http://t.cn/Rim0S81

03 关于适配这件小事的前世今生

文 / 吴萌

很多人刚做 UI 的时候，根本不知道做完界面还需要适配，以为把设计图做好就行了，其他的事情跟自己没有半点关系，实际踩坑之后才发现问题所在。而这样的试错成本未免太高，不如最开始准备得充分一点。

错误做法

正是由于部分设计师对适配了解不够透彻，以至于实际项目中需要把750px的设计稿适配到640px、720px、1242px的屏幕时，都选择把设计稿直接等比拉伸至对应的尺寸，然后再重新标注。殊不知此方法不仅增加了几倍工作量，还会导致最终的效果不如人意。

下面以 QQ 首页为例，左图是750px（iPhone 6）的设计稿（临摹）直接拉伸至1242px（iPhone 6 Plus）的效果，右图是实际线上1242px的界面。

750px直接拉伸

1242px截图

相信大家也看出差别了，750px直接拉伸后的界面元素整体都比实际线上1242px的大。

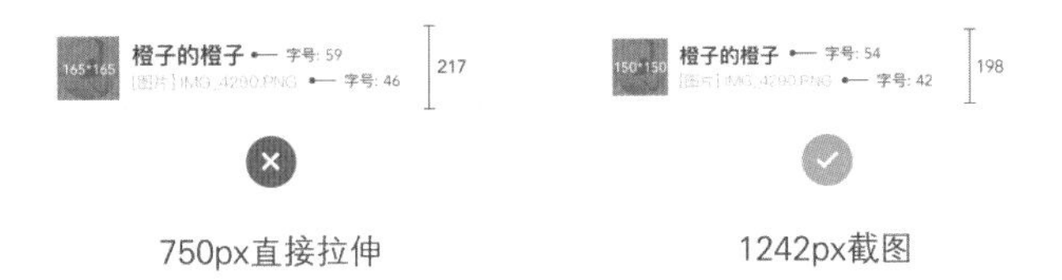

750px直接拉伸　　1242px截图

之所以说这样的方法是错的，有两个原因：一个是按照此方法，750px和1242px所显示的内容是一样多的，但实际上1242px的屏幕要比750px的长一些，显示的内容更多一些才对。如下图京东金融所示。1242px是3倍率下的大小，要和750px做对比，就需要换算到2倍率下的828px做对比。

京东金融 750px　　京东金融 828px

另一个原因就跟数学有关了，750px的页面要放大到1242px的大小，需要放大1.65倍，但实际上750是2倍率下的界面，1242是3倍率下的界面，它们的比例实际上是1：1.5，而不是1：1.65。

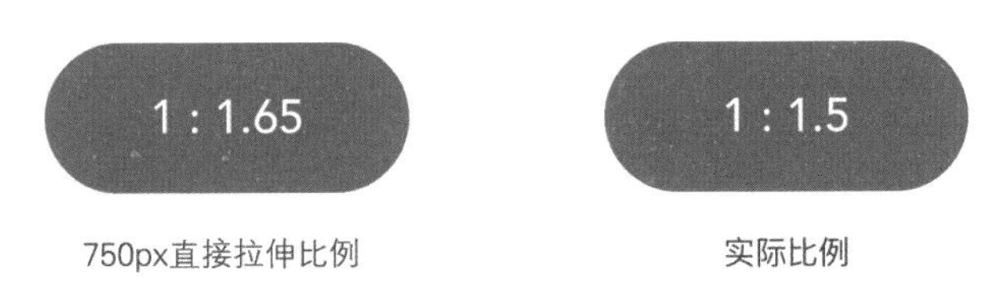

750px直接拉伸比例　　实际比例

也就是说，由750px直接拉升到1242px的稿子在开发者实现的时候会出现这样的情况：图标是1.5倍的大小（图标实现的时候用的是3倍率切图文件），而文字、间距、图片却是1.65倍的大小，标注稿也是按照1.65倍来标注的。这样就会影响到开发布局，导致出现一系列误差。

由下图可见，当我们直接在拉伸的设计稿中标注间距、图标大小时，实际开发的图标尺寸会比我们标注得要小，相差15px，这个时候如果开发者完全按照标注稿来布局，就会导致有图标的区域间距明显和其他地方不一样，相差太大时甚至会出现图标变形的情况。

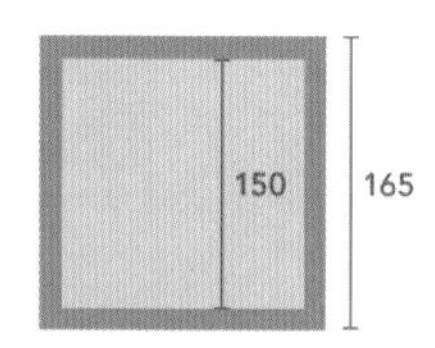

开发时比设计稿多出来的区域

既然直接拉伸设计稿的方法不可行，那么难道只能为每个屏幕尺寸都重新做一套设计吗?当然不是，这样的开发成本太大，而且也没有必要。

为什么不能一稿适配所有

大多数人对于750px适配到1242px都表示能理解，但对于750px适配到720px就理解不了，持反对意见，觉得这属于 iOS 和 Android 两个不同的端，标签栏和导航栏高度都不一样，不单独输出设计稿的话，图标、图片会变形，间距会太窄等。

那下面就来一一解释下大家对于750px适配到720px存在疑惑的点。

1. 图标变形

开发者在做的时候都是用的2倍率、3倍率的切图，哪个屏幕尺寸用哪套图是根据倍率来选择的，同一个倍率下的图标大小、间距、字号都是一样的。

2. 图片变形

图片都是按照比例来设置的，只要标注的时候只标注比例，而不是把宽高都限制死，适配不统一的问题是可以避免的。

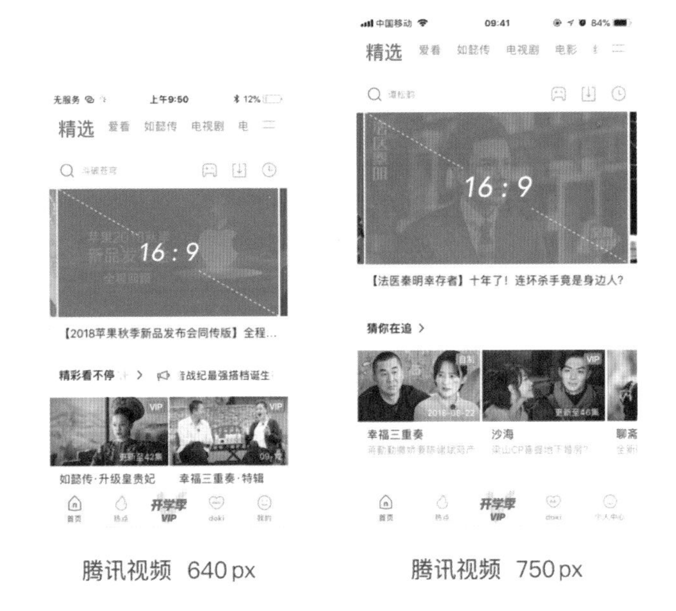

3. iOS 和 Android 的平台差异

有一些人总认为这两个平台存在差异性，例如它们的导航栏、标签栏、时间栏不一样大，怎么能统一适配呢？其实头部的导航栏、时间栏和底部的标签栏这些平台的基础控件，与界面内的元素不在一个z轴上，它们属于界面最上层，界面的尺寸也不受它们的影响。

如下图所示，哔哩哔哩在Android 和 iOS 平台下的基础控件不一样，但是并不会影响到导航栏下方的 Tab 栏的高度。所以事实证明，适配跟平台并没有太大的关系。

哔哩哔哩 720px(Android)　　　　哔哩哔哩 750px(iOS)

掌握正确的适配规则

1. 倍率相同

适配需要在同一倍率下，如果不是则需要换算到相同倍率，再进行适配。既然要做比较，当然要在同一水平线上，总不能让姚明跟林丹去比羽毛球吧。

知道手机的屏幕分辨率和倍率之后，就可以算出在其他倍率下，屏幕分辨率是多少。例如 iPhone 6的分辨率是750 × 1334（2倍率下），乘以1.5之后就可以算出3倍率下的大小。

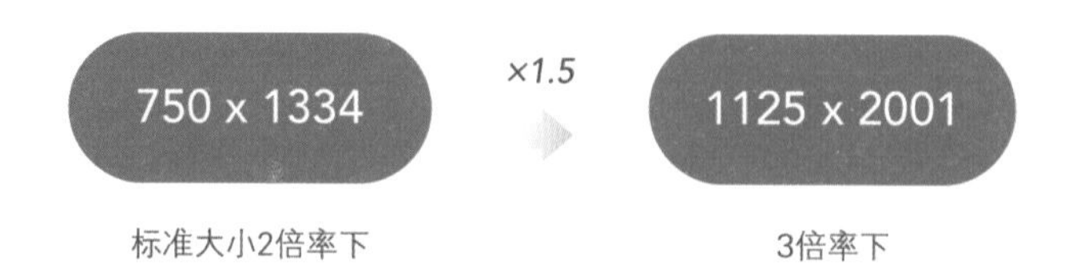

同理可得其他手机的屏幕分辨率在不同倍率下的大小，红框处表示正常的分辨率大小。

	2倍率	3倍率
iPhone 5/5c-5s	640×1136	960×1704
iPhone 6/7/8	750×1334	1125×2001
iPhone 6p/7p/8p	828×1472	1242×2208
红米 NOTE等机型	720×1280	1080×1920
华为mate 8 等机型	720×1280	1080×920

适配只跟倍率相关，同一倍率下，界面上的间距、文字大小、图标大小是一样的，不同的只是屏幕显示内容的宽度和高度不同，所以说在2倍率下，720px、750px、640px、828px页面上的元素大小相同；在3倍率下，960px、1080px、1125px、1242px页面上的元素大小相同。

下面以虾米音乐为例，分别对比640px、720px、750px页面上的元素大小，证实界面上的间距、文字大小、图标大小都是一样的。

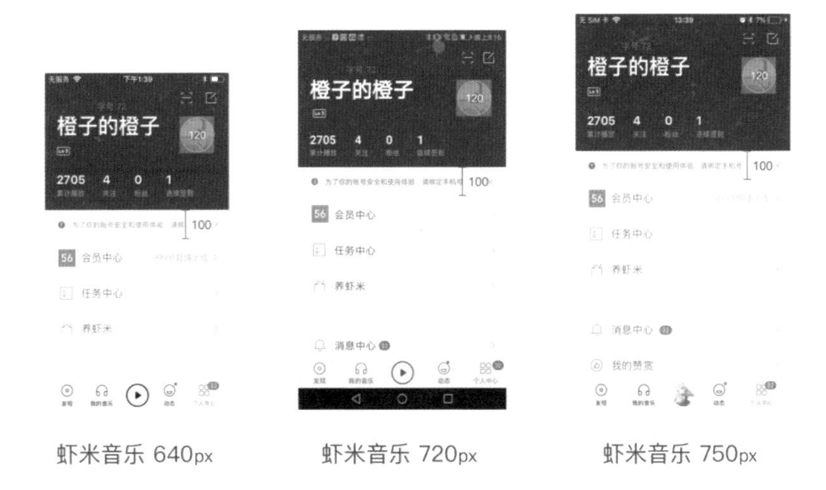

虾米音乐 640px　　虾米音乐 720px　　虾米音乐 750px

2. 适配三原则

在适配的时候通常会遵循三个原则：等比缩放、弹性控件、文字流自适应。

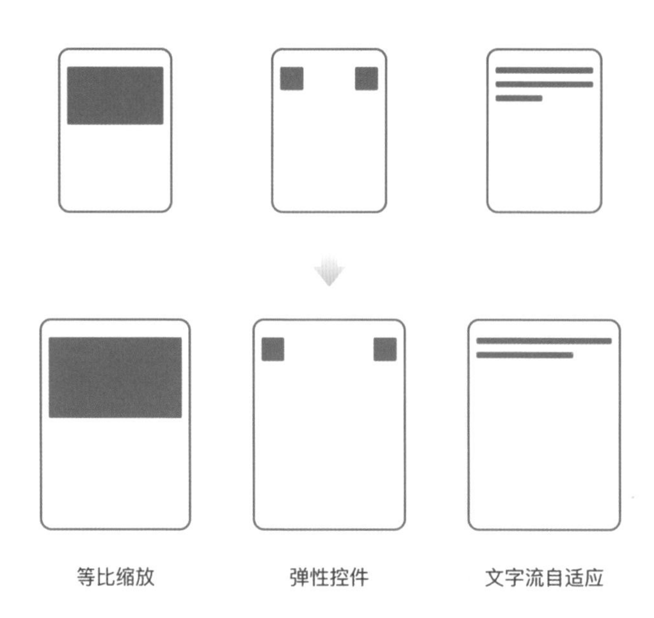

1）等比缩放

等比缩放指的是该元素的尺寸大小并不是固定的，是会跟随着屏幕的大小（一般是宽度）变化而变化。如下图 App Store 的搜索结果页，单个预览图的比例是16：9，不管屏幕分辨率如何变化，图片比例并不会发生变化。

App Store 640px　　App Store 750px

标注的时候，我们也只需要标注好页边距、图片比例、图片间距就好，开发者就可以把适配规则写成随屏幕宽度变化而变化。

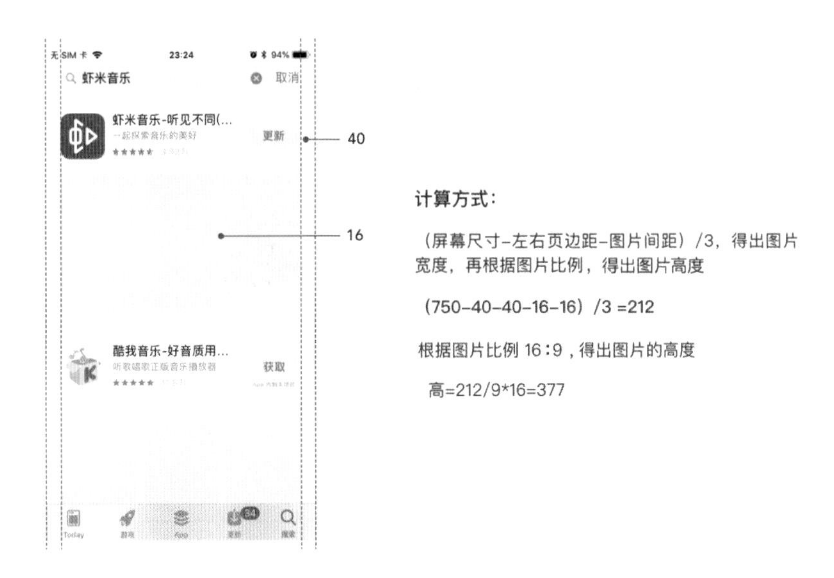

2）弹性控件

弹性控件指的是元素尺寸不变，间距随着屏幕的宽度自适应，屏幕越宽，间距越大。

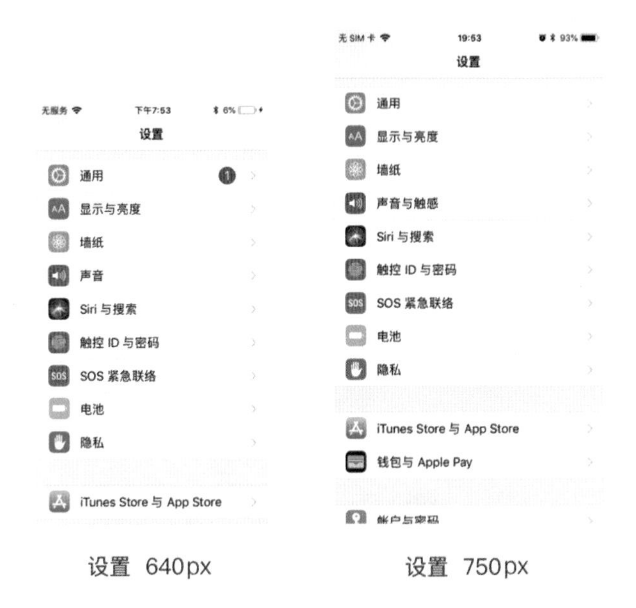

设置 640px　　设置 750px

3）文字流自适应

一行能显示的文字数量和屏幕宽度成正比，屏幕越宽，一行能显示的文字数量也就越多。

小米商城 640px

小米商城 750px

3. 适配跟平台基础控件无关

其实并不是界面的所有元素都需要进行适配，我们只需要适配中间那一块区域即可。

而上下导航栏的高度不固定，每个平台的高度不一样。例如 iOS 的导航栏是88px，Android 有112px、104px 等。但是不管高度如何，只需要做到让元素居中即可。

4. 实际案例

说了那么多，是时候来分析一个实际的案例了。适配其实总结起来就三个步骤：先换算至同一个倍率，再去调整界面元素，最后将调整好的界面按照倍率还原到最开始需要适配的尺寸。

以750px（iPhone 6）适配至1242px首先适配需要在同一个倍率下，750×1334是2倍率下的，1242×2208是3倍率下的，根据倍率换算后者的2倍率大小是828×1472。

所以要想将750×1334适配至1242×2208，就需要先把750×1334适配至828×1472，然后再将调整好的界面×1.5 到1242×2208。

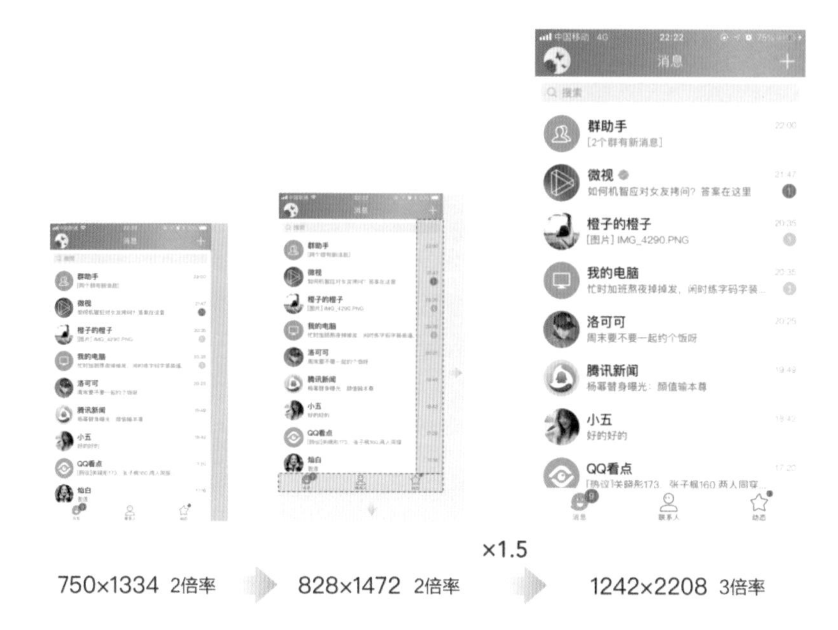

其他的例如750px如何适配至720px、640px，原理是一样的，它们的倍率是一样的，就省了头尾的那两步，只需要根据适配三原则调整界面元素即可。

需要注意的点

1. 小屏幕适配

我们的设计尺寸基本都是用750px的居多，这就会涉及小屏幕的适配问题，当一个元素在750px上显示效果很完美，到640px上可能就放不下了。所以在作图的时候，设计师需要用动态的眼光去考虑问题。下面就来讲述几个最常出现的问题。

1）弹窗

如下图弹窗的样式，在设计尺寸为750px上显示很完美，但是不做任何调整，直接适应到640px的屏幕上，就放不下了。所以这个时候，我们就需要定义一些适配规则，例如在小屏幕缩小字号、缩小间距等。

字号缩小2px（24px），左右间距改成32px，屏幕均分

2）文字截断距离

屏幕的大小会直接影响到每行显示的字数，当一行文字的右侧有元素的时候，就涉及文字和元素之间的安全截断距离，也就是文字最多能显示的区域。很多时候设计师在做设计稿的时候，没有考虑到文字的极端情况，这就导致在小屏幕的时候，文字和元素产生重叠现象。

例如下图爱奇艺“我的”页面，在750px的界面上昵称显示得很完整，但是到640px上就显示不全，这就需要我们定义一下文字可显示的区域，当文字长度超过这个区域的时候，部分文字省略，用“...”代替。

爱奇艺 640px

爱奇艺 750px

2. 平台差异

iOS和Android两端的系统级别的控件样式不同，所以我们可以为两端单独做几个样式，这个成本不大，效果却很好。例如 iOS 平台的搜索是矩形框，而 Android 平台的搜索是

下画线。

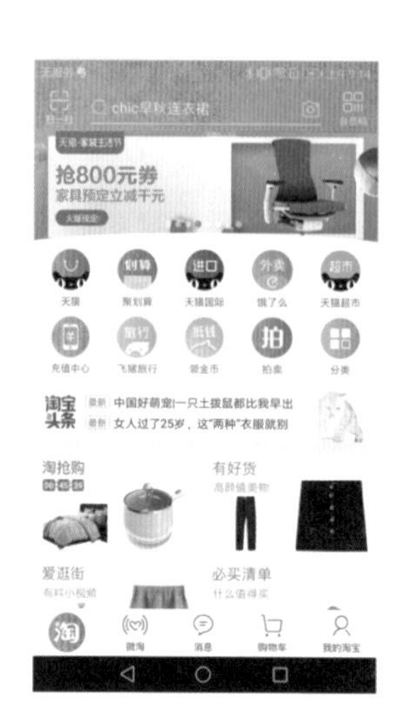

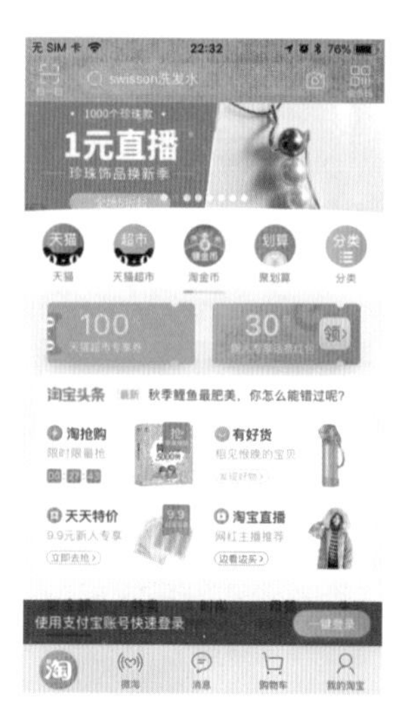

淘宝 720px(Android)　　淘宝 750px(iOS)

3. 单屏页面

大部分的界面适配都是考虑屏幕宽度居多，高度只会影响一屏内显示内容的多少，屏幕高显示的内容就长一点。对于瀑布流布局来说，高度根本不需要进行适配。但总是有一些特殊的单屏页面，例如：空白页面、音乐播放页面等需要在所有屏幕上显示一样多的内容。

1）空白页面

类似下图“我的看单”这种比较简单的页面，如果固定上方间距，那么在大屏幕上就会显得内容偏上。这个时候要想让所有屏幕显示的内容都一样，可以将上方和下方的空白区设置一个尺寸比例，这样不管在什么屏幕上，内容相较于整个屏幕来说，位置都是一样的。

具体计算方法：屏幕高度减去上下导航，再减去内容区域的高度，剩下的区域按照比例来分配。图中是上方占3/7，下方占4/7。

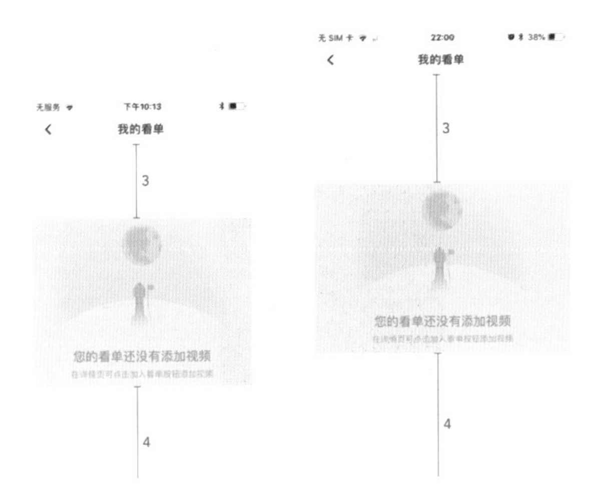

2）音乐播放页面

这个页面相较于空白页面来说，要复杂一些，但是原理是一样的。把能够按照基础适配规则的地方固定下来，留一些自适应的部分。例如下图网易音乐，同样是2倍率下的界面，播放操作区域的高度都是一样的按照基础适配规则来的，而光盘区域则是固定左右间距得出。

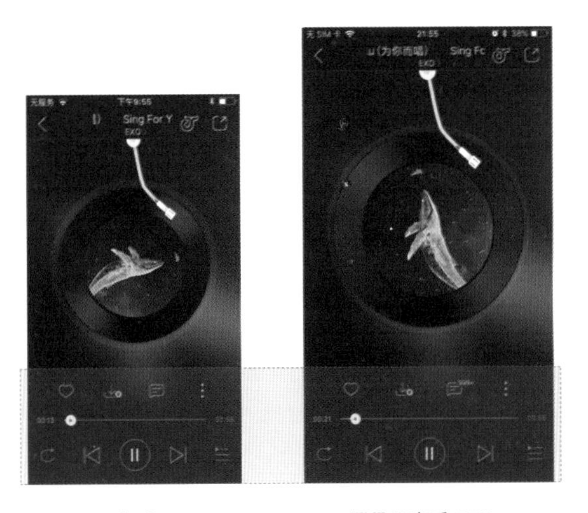

网易云音乐 640px　　网易云音乐 750px

需要根据屏幕高度自适应的只有绿色矩形区域，其实读者有没有发现，把这个图简化后，就和上面讲的空白页面的适配方法一样了。不过需要注意的是自适应的部分不要超过两处，超过两处之后，界面变数太大，不利于计算，也没太大必要。

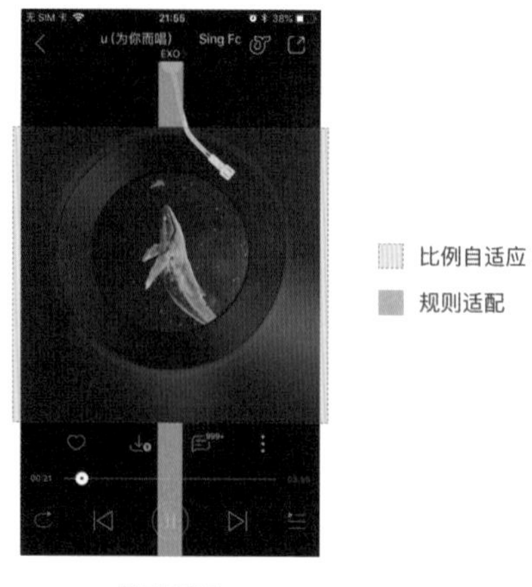

网易云音乐

设计稿尺寸

设计稿尺寸在我看来并没有特别本质的区别。从原理上来看，你可以用任何想用的设计尺寸；只不过从适配的角度来说，750px（2倍率）、720px（2倍率）、375px（1倍率）这三个尺寸相对更合适些。

我自己之前用过750px，也用过720px，那时候就想不明白为什么还有人用1倍率作图，现在市面上都没1倍率的手机了，用1倍率作图导出2倍率、3倍率图标不都虚边了吗？但后来换了一个新工作，同事都是用375px（1倍率）作图，习惯了之后发现两者并没有太大的区别。

只是有些图标不是整数的时候，需要手动导出2倍率、3倍率版本，但其实就算用750（2倍率）作图怕图标虚边，也还是要手动导出3倍率的，所以都一样。用1倍率的好处是，很多国外的资源都是用1倍率做的，就可以直接倍率了。

不过需要注意的是，当在1倍率下做分割线的时候，需要改成0.5px，这样导出2倍率图后才会是1px。建议分割线用内阴影做，而不要直接用0.5px的线。

小技巧

作图的时候如果想要知道当前页面的元素在小屏幕上是否放得下，总不能每次都把当前页面拖动到小屏幕上看看实际效果，这样成本太大。其实有一个非常简便的方法可以解决这个问题。

750px和640px的界面相差110px（2倍率下），我们只需要在750px的界面上减去110px，看是否能放得下界面元素，如果放得下，就表示在小屏幕上也能全显示。

如果想要知道字数是否能放得下，也可以通过计算的方式得出结论。用110px除以字号大小，就可以得出小屏幕的比设计稿少显示几个字。例如字号是30px，在750px的屏幕上能显示30个字，那么在小屏幕上就只能显示26个字了。

画重点

适配这个概念很特殊，它看起来很简单，简单到大多数人都觉得自己会了，不用再去研究了，但其实只懂了皮毛，并不清楚原理。例如很多人都说自己会 PS，但跟那些专业的人员比起来，你自己所知道的不过是冰山一角。所以我们要时刻保持一颗求知的心，不要限于已有的知识。

最后总结一下全文最重要的几点，帮助大家加深印象。

（1）等比拉伸界面去适配的方法是错误的，也是极其浪费人力成本的；

（2）适配跟平台无关，只跟倍率相关，750px和720px的尺寸从适配的角度来看，都是一样的，只是界面尺寸相差了30px；

（3）适配三原则：等比缩放、弹性控件、文字流自适应；

（4）适配尺寸不要标死，要用动态的眼光去看。做的时候需要考虑极端情况，最常见的例如小屏幕适配问题等。

04 如何高效地进行验收

文 / 吴萌

一直以来，设计验收都不太受重视，设计师总是习惯于把时间用在雕琢设计稿上，而忽略掉后期的设计验收。这就导致程序员在修改 Bug 的时候，常常需要多次修改才能还原设计稿的效果，重复返工，极其影响效率。但其实很多时候只要设计师在验收的时候做一点点改变，多花费几分钟，就能大大提高 Bug 的修改效率。

关于设计验收

之所以验收不受重视，我觉得主要有两个原因：一个是对自己和合作的程序员极其自信，认为对方能领会自己所有的点，会完全按照设计稿来；另一个是设计师没有意识到验收的重要性，潜意识里认为最后开发的效果不好是开发人员的责任，跟自己没有关系。

1. 错误的做法

1）口头说明

在实际工作中很多设计师发现问题后，只是口头告诉开发者哪里要改，这种方式很容易出现你说了10个，但开发者只记得6个，最终只改对了4个的情况。重复返工以及沟通的时间太长，效率不高。当然在这种口头说明的方法之下还产生了一个进阶版，就是搬个小板凳坐到开发者面前指哪改哪，但这个也仅限于对接开发人员少的时候，当你同时对接三五个开发者的时候，是没有时间、精力这么做的，而且工作效率也很低。

2）让开发者去找之前的标注稿

验收的时候发现有问题，让开发者自己去找之前的标注稿，对照着修改，这样的做法很容易出现改了但是没改到位，重复返工。例如，设计稿的元素大小是20px，第一次开发者做的是27px，一轮验收后他自己回去对照标注稿修改，改成了18px。这就意味着你在二轮验收的时候还得去提这个问题，时间成本浪费较大。

作为设计师，我们每天都是跟像素打交道，间距、字号差个几像素，我们一眼就能看出来。但是作为每天跟代码打交道的开发者来说，差了几像素在他们眼里是没区别的，所以我们需要明确地告诉他这里移动几像素，那里字号改大几像素。

这就跟谈恋爱一样，男生和女生的思维很不一样；同理，设计师和开发者的思维也是不一样的。我们在验收的时候，可以稍微改变一下方式，多站在开发者的角度考虑问题，前期多花几分钟，就能有效减少双方后续的沟通时间。

2. 正确的做法

1）截图验收

验收的时候，我们需要对开发实现后的效果进行截图，与设计稿做对比。当然不是所有的图都需要截，可以先体验一下，看看哪里有问题，不太对劲，然后再截图对比。不过当我们经验不足的时候，可以都截图去做对比，确保万无一失。

原则上，主流的各个尺寸的机型都需要去验收，但在实际中因为各种原因限制，很难验收所有的机型，一般主要去验收 iPhone 的大、中、小屏幕，Android 的大、小屏幕，其他的屏幕大致看一些效果，如果是特殊的屏幕就根据用户使用量来决定是否要进行验收。

2）和设计稿做对比

截图完毕之后，就需要和设计稿做对比了。我们可以直接把截图放在设计图上方，降低透明度，大致比对下，就知道哪里有出入，然后再具体标注参数。

这其中也有几个小技巧。当图标切图错误的时候，直接注明该图标需要更换，图片比例不对的时候也一样。总之，原则就是写得简洁明了，让人一眼就能看懂。举个例子，设计稿做的间距是40px，开发实现后的效果是52px，这个时候我们可以直接标明间距缩小12px，因为这样程序员就只需要在原来设置的参数上减12px，而不用再去算参数了。

验收需要注意的问题

1. 分割线

在验收的时候要特别注意分割线的问题，分割线在所有屏幕上都是1px，但是很多程序员没有注意这个，或者说设计师在开发前没有特别说明，程序员就写成了1pt。因为pt是1倍率下的单位，px是实际单位，所以在做分割线的时候，单位需要是px，这样才能保证每个屏幕的分割线都是1像素。

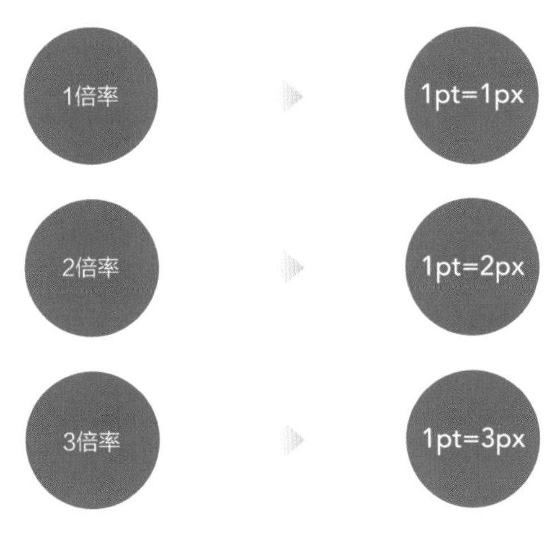

pt、px 关系图

2. 文字截断范围

当文字左右两边有留白的时候，我们需要标明文字可显示的范围；当文字字数超过范围时，需标明是折行还是显示“...”。

早期设计稿

3. 小屏适配问题

设计师普遍用的设计尺寸都是750px（1倍率为375px），一些排版也是基于这个尺寸的，那么对于640px的手机来说，某些地方就会出现排不下的情况。这个时候需要设计师在做设计稿的时候就考虑这一点，并给出适配规则。在后期验收的时候也特别需要去注意这个问题。

字号缩小2px（24px），左右间距改成32px，屏幕均分

猿辅导 750px　　猿辅导 640px

4. 沟通不到位导致的问题

有一些页面有很多种实现方式，如果前期没有跟开发者沟通清楚，就会导致最终实现的效果存在误差。如果页面前期单给一张静态图，开发者根本不知道设计师想要的实现方式是什么，是固定间距还是控制左右距离或中间自适应。最后很大可能就会按照自己的理解去做了，导致出现重复返工的现象。

验收文档

当验收页面较少时，可以直接把修改意见发给对应的开发者；但是如果同一批次验收的图较多时，这一方式就不太适合了，开发者容易漏看某一张图，导致没有修改。此时建议整理一个文档，把修改意见统一放到一个文档里，推荐使用石墨文档或者其他在线协同软件。

问题描述	位置	截图	设计稿	PM/开发回复	修改进度	复查	问题描述	PM/开发回复	修改进度	复查
1. 字号改成 30px 2. 间距增大 20px	详情页				done	✓				
按钮颜色需要改成#ff7400	详情页				done	✕	按钮没有点击态		done	✓
流程顺序错了，现在是132，需要改成123（具体参考截图）	详情页			流程有修改，照原样	done	✓				

验收文档

在验收文档里，需要包含以下几个元素：问题描述、当前问题出现在哪个位置、问题页面截图、设计稿截图、PM/开发者回复、修改进度、复查等，具体需要放哪些视情况而定。

整理了一个表格之后，开发者可以一条一条地修改，不至于遗漏；设计师也能直观地看到开发者的修改进度，以及哪些地方改不了，是什么原因导致的，沟通起来更顺畅也更高效。

画重点

在后期视觉验收的时候，我们可以换位思考，把自己当作开发者，站在他们的角度去思考什么样的验收方式会更方便修改。例如设计之前就针对分割线、小屏幕适配等问题想好解决方案，并同步到开发者；在一轮验收时把修改意见标注清楚，整理成验收文档。

前期多花费一点时间，能有效帮助开发者提高工作效率，反过来也能为自己减少二次验收的时间成本。

05 组件的理性选择

文 / 付铂璎

在设计界面时，同样的功能可以用不同的样式展示，我们需要知道如何利用用户的使用场景来选择最合适的设计样式。

警告框与操作表

1. 定义

1）警告框

警告框是一种操作上的确认，只有当用户点击按钮后才算真正完成，才可以有其他操作。它的主要作用是警告或提示用户，由三部分组成：标题、正文、按钮。有些简单的警告或提示只有正文和按钮即可，如下图所示：

弹窗标题
内容区域，具体描述用户需要做什么样的选择
按钮 按钮

内容区域，具体描述用户需要做什么样的选择
按钮

2）操作表

操作表是从屏幕底部边缘向上滑出的一个面板，可提供2个以上的选择。它呈现给用户的是简单、清晰、无须解释的一组操作，没有描述内容（大部分）。另外，重要的功能操作也会用红色文字展示，如下图所示：

重要的按钮
按钮
按钮
取消

按钮
按钮
取消

2. 如何选用

1）文字内容重要性

选择警示框和操作表时，要考虑的是弹窗文字内容对于用户的重要程度。如果内容极为重要则选用警示框，如果内容不重要甚至不需要描述，就应该选择操作表，如下图所示：

淘宝

QQ邮箱

淘宝登录密码错误时，由于警示框可以更突出地体现文字内容，帮助用户找到问题所在，所以选用警示框。再看QQ邮箱的垃圾箱，点击全部清空时，由于信息本身就在垃圾箱内，不需要对用户进行过多文字提示，用户直接操作即可，所以最后选用操作表。

2）用户操作流畅性

当我们需要让用户停止操作并必须点击当前界面的按钮时，选择警示框。警示框对用户操作上的流畅性有着很严重的影响，如果提示不需要太过强硬，我们就选用在屏幕中任意位置点击就会消失的操作表，如下图所示：

阿里巴巴

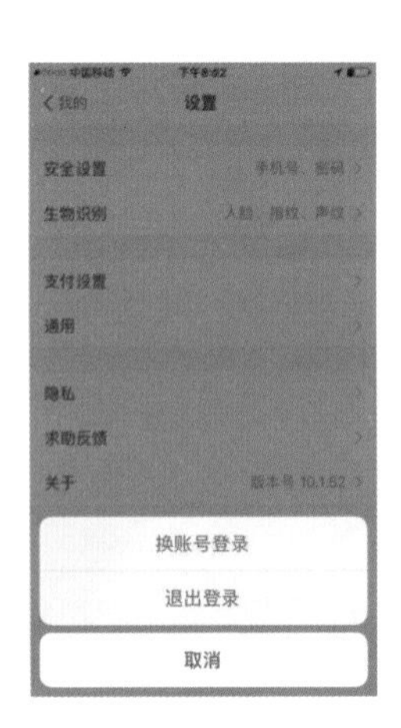

支付宝

阿里巴巴拍照功能中，为了避免用户有其他操作而影响当前需要解决的问题，会使用警示框来阻止用户。而在支付宝中，点击退出登录时，为了避免用户误操作而退出，则使用了操作表，用户可以通过点击空白区域关闭操作表。

3）按钮数量

这是最容易区分样式的因素，当弹窗中的按钮数量超过2个时，我们一定选用操作表，因为警示框的按钮数量不可以超过2个。如果数量一样，可以根据上面两点择优使用，如下图所示：

阿里巴巴

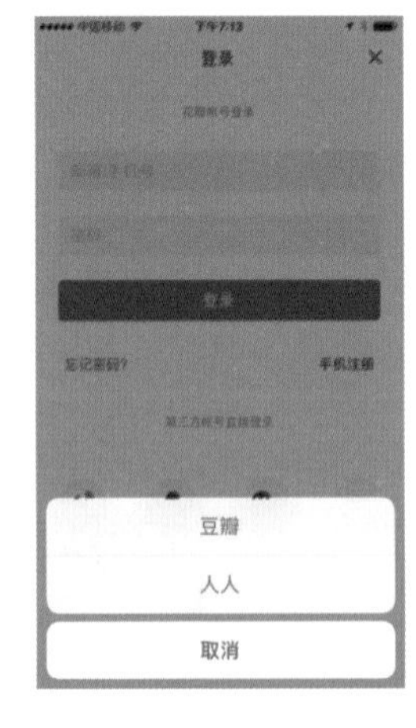

花瓣

在得到App中点击开通“推送通知”时，因为操作按钮只有一个，所以选择警示框。而点击微博中的“更多”按钮，用的则是操作表，因为操作按钮有三个。

标签栏与工具栏

1. 定义

1）标签栏

标签栏位于屏幕底部，它是悬浮在当前页面之上的，并且会一直存在，只有当用户点击跳转到二级菜单后才会消失，如下图所示：

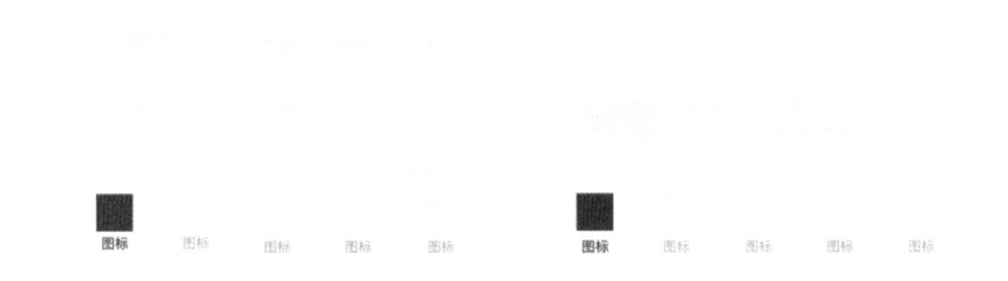

用户可以在不同的子任务、视图和模式中进行切换，并且切换按钮间都属于不同的内容。当用户选中某个标签时，该标签呈现适当的高亮状态。标签的数量也有限制，不能超过5个，如果存在5个以上的标签，可以将最后一个标签设计成“更多”标签。

2）工具栏

工具栏同样位于屏幕底部，悬浮在当前页面之上，只是当用户不需要使用的时候，可以隐藏它。例如向上滑动界面时，工具栏会自动隐藏。工具栏的内容主要是与当前页面相关的操作按钮。

2. 如何选用

1）切换状态

当我们需要同级别界面切换时，应该选择标签栏，同时标签栏的切换通常为一级导航。工具栏的功能仅针对当前界面内容的相关操作，如下图所示：

微信读书-标签栏

Safari-工具栏

微信读书底部栏是关于同级别的界面切换，所以选择标签栏，同时标签栏也是该产品的一级导航。而Safari浏览器底部的内容是针对当前界面的操作功能，所以使用了工具栏。

2）位置状态

当底部导航始终在界面最上方，上下滑动都不会消失，则选择标签栏；如果底部导航上滑随之消失则选择工具栏（也有少数的工具栏是怎么滑动都不会消失的），如下图所示：

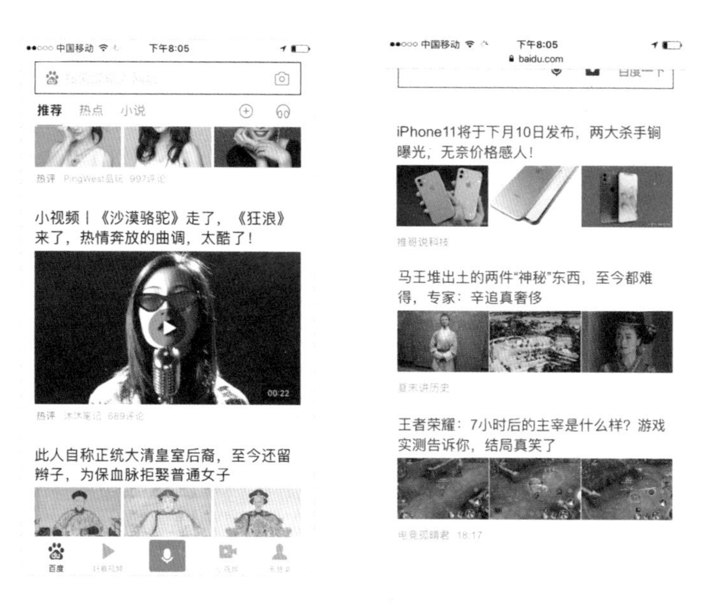

百度App-标签栏　　Safari 百度-工具栏

在百度的App中，当向上滑动界面时，底部导航的位置是不会消失的，所以使用了标签栏。再看Safari浏览器，因为上滑时底部栏会被隐藏，所以选用了工具栏。

3）选中状态

当用户选中底部某一项时，如果需要高亮显示，且显示的内容是不同子任务的视图，则使用标签栏；而当选择后，出现操作表等与当前界面相关的操作时，应该选择工具栏，如下图所示：

百度App-标签栏

Safari 浏览器-工具栏

在百度App中，当点击底部的选项时，切换界面的同时当前选中的“好看视频”需要变成选中的样式，来告知用户当前选中的是哪个界面，所以使用了标签栏。再看Safari浏览器，点击底部按钮后出现操作表，且当前选中的按钮也不会变高亮，也不会切换当前界面，所以选择了工具栏。

Tabs与分段控件

1. 定义

1）Tabs

Tabs来自MD规范，早在Android 2.0时代，官方的通讯录App就使用顶部Tabs导航，可以滑动切换不同视图。Tabs里的Tab呈现的内容可以有很大的差别，而且数量没有限制，其不能作为表单的单选组件。

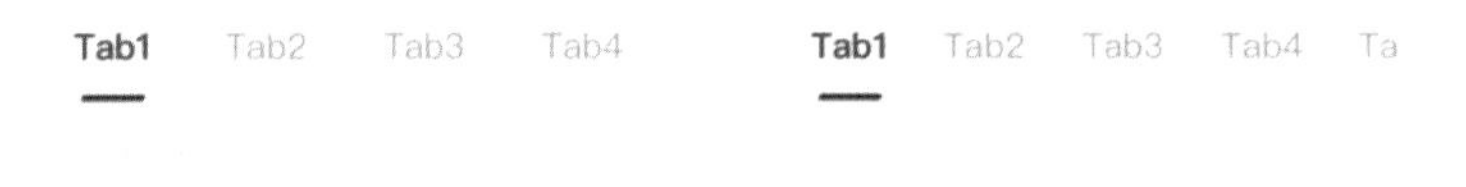

2）分段控件

分段控件是iOS原生控件之一，每个分段作用是互斥的。在分段控件里，所有的分段选项框在长度上要保持一致，iOS规范中规定对于分段控件的分段选项不得超过5个，每个分段选项可以是文字或者图片。

2. 如何运用

1）来源不同

分段控件来自iOS规范，而Tabs来源于MD规范，如下图所示：

网易云音乐iOS

网易云音乐Android

我们来看网易云音乐“我的消息”界面，iPhone中因为是iOS系统配置的应用，所以界面中切换样式用的是分段控件，而反观安卓系统则用的是Tabs切换。

2）内容不同

分段控件主要起到分割和筛选同类数据的作用，而Tabs则没有这样的限制，Tabs栏里的每一项所呈现的内容可以有很大的差别。另外，分段控件更多是以单选功能出现在表单的使用中，而Tab则不能作为表单的单选组件，如下图所示：

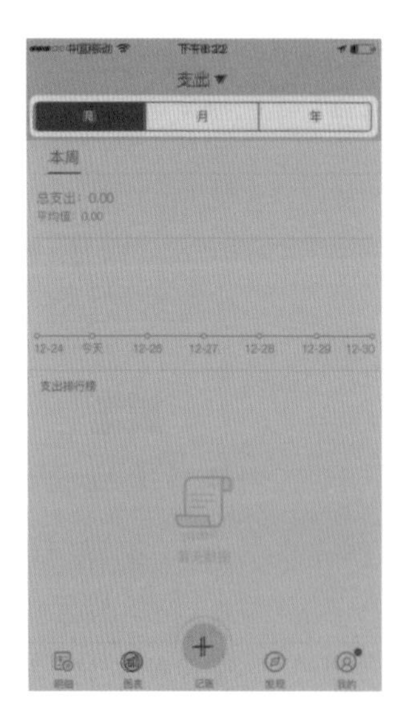

鲨鱼记账

36氪

鲨鱼记账的图表页中，支出、收入为整个界面的展示项目，为了让用户查看起来更加方便，把数据分割为周、月、年的不同数据展示，因为是同类数据切换，所以选择了分段控件。反观36氪首页的Tabs栏，每一项内容的差别都很大。

3）操作方式不同

分段控件需要点击操作，而Tabs除了点击外还可以通过左右滑动切换不同视图，如下图所示：

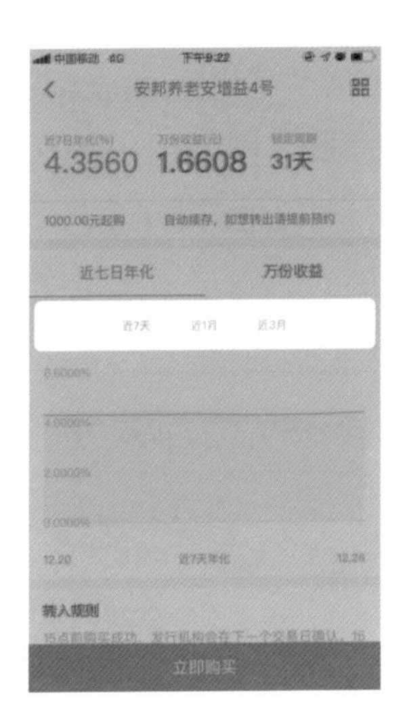

京东金融

小红书

京东金融App某产品近七日年化的表单是极为近似的趋势图，不易让用户侧滑屏幕切换，需要让用户更精准地点击选择，所以使用了只能点击的分段控件。而小红书的切换页变化都比较明显，很容易区分，所以选择了可以侧滑屏幕切换的Tabs。

4）数量

分段控件数量不能超过5个，而Tabs没有数量限制。例如，网易云音乐中的消息界面因为分类的数量未超过五个（不是所有未超过五个的就要用分段控件，同时也要根据以上说的其他三种情况判断，这里只针对数量阐述而已），所以可以使用分段控件；而网易云音乐视频界面中因为分类数量过多且内容上有区别，所以选择了Tabs。

Toast与Snackbar

1. 定义

1）Toast

Toast通常出现在顶部和中部，浮于页面上方，无法对其操作，出现一段时间后便会消失，并且在此期间不影响其他正常操作，如下图所示：

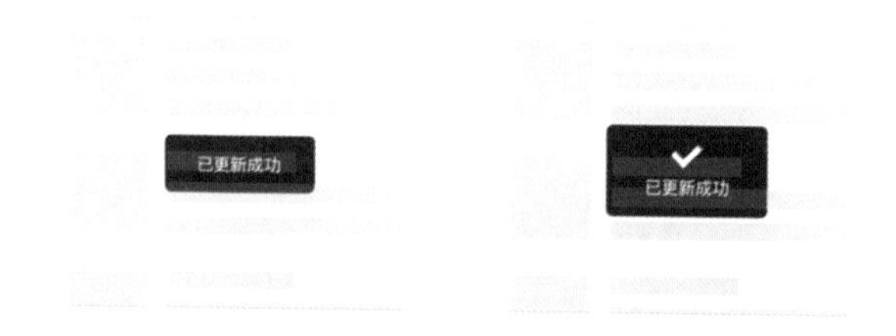

2）Snackbar

Snackbar出自安卓系统，是安卓系统的特色弹窗之一。根据官方定义它是不存在图片的，但随着产品功能的不断优化，现在产品中也存在带有图片的Snackbar。它是由一段信息和一个按钮组成，它们会在超时或者用户触碰屏幕其他地方后自动消失。Snackbar也可以在屏幕上滑动关闭，不会妨碍用户对产品的其他操作，如下图所示：

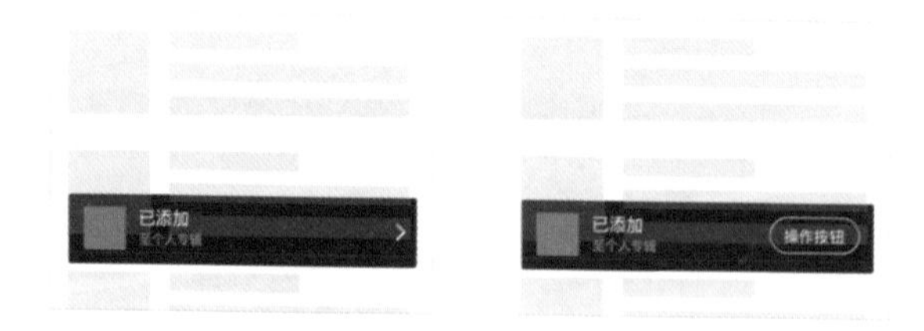

2. 如何选用

1）操作不同

Toast弹窗没有任何操作键，而Snackbar是有操作键的，如下图所示：

马蜂窝

小红书

马蜂窝App中的文章点赞功能只需要告知用户点赞已成功即可，不需要其他操作，所以选用Toast弹窗；而小红书中当进入发现界面点击收藏时，会出现引导用户到专辑分类中去的浮层。

2）消失状态不同

Toast弹窗完全是通过超时后自动消失，不存在任何操作；而Snackbar可以超时消失也可以让用户主动上滑关闭，如下图所示：

豆瓣

小红书

豆瓣App广播界面中，当点击刷新后，更新的内容会自动出现在最前面，用户不需要任何操作就可以看到内容，所以选用无操作必须等待超时后才会消失的Toast弹窗。而携程App中的酒店界面，因为更多精彩的内容在下面，并没有展示出来，为了不让用户在滑动浏览时造成视觉障碍，所以选择了Snackbar，除了超时后自动关闭外，也可以通过滑动界面让弹窗主动关闭。

3）组成元素不同

Toast弹窗主要是由文字和背景组成，也可以额外附加图标。而Snackbar除文字、背景、图标外还有操作键，如下图所示：

得到　　小红书

得到App中只需要提示即可，所以选用Toast，组成元素为背景、文字、图标，而小红书App需要加入操作键，所以选择了Snackbar。

画重点

（1）警告栏与操作表：警告栏是一种操作上的确认，只有当用户点击按钮后才算真的完成，才可以有其他操作。主要作用是警告或提示用户。而操作表是常会从屏幕底部边缘向上滑出的一个面板，可提供2个以上的选择。

（2）标签栏与工具栏：标签栏位于屏幕底部，悬浮在当前页面之上，并且会一直存在，只有当用户点击跳转到二级菜单后才会消失。而工具栏同样位于屏幕底部，悬浮在当前页面之上，当用户不需要使用的时候，可以隐藏。

（3）Tabs来自MD规范，早在Android 2.0时代，官方的通讯录App就使用顶部Tabs导航，可以滑动切换不同视图。而分段控件是iOS原生控件之一，每个分段作用是互斥的，在分段控件里，所有的分段选项框在长度上要保持一致，选项不得超过5个，可以是文字或者图片。

（4）Toast通常出现在顶部和中部，浮于页面上方，无法对其操作，出现一段时间后便会消失，并且在此期间不影响其他正常操作。而Snackbar出自安卓系统，是安卓系统的特色弹窗之一，它是由一段信息和一个按钮组成，它们会在超时或者用户在屏幕其他地方触碰后自动消失。Snackbar可以在屏幕上滑动关闭。

往往看似相同的组件，其使用场景是千差万别的。每个组件都有不可替代的作用。

参考资料

iOS和Android规范解析——标签导航和分段控件　http://t.cn/Efi6F7h

正确使用控件-警告框　http://t.cn/EfiXazl

iOS 9人机界面指南(四)UI元素　http://t.cn/RGllkVF

App设计中，6组常见组件的区别与用法　http://t.cn/RTia2tu

这个控件叫：Segment Control/分段控件（附录与Tabs的区别）　http://t.cn/Efii1PR

警告框和操作表（Action Sheet）　http://t.cn/EfiaMfC

06 倾囊相授 Sketch 使用的小技巧

文 / 吴萌

现在越来越多的人选择用Sketch来做UI界面，它相比PS来说，功能更高效，可以说是“专为界面设计而生”。如果把做界面比作削苹果，那么PS是一把斧头，Sketch则是水果刀，斧头能做很多事情，但是对于削苹果这件事情来说，却很麻烦，不如水果刀好用。

而且Sketch学习成本很低，基本一两天就能上手，加上它非常开放，支持第三方插件，这就催生了很多各式各样的插件，方便设计师使用，提高了设计师的工作效率。下面从两个方面介绍一些工作中会用到的Sketch小技巧：

（1）软件自带功能：

新建画板、加减乘除、不透明度、快速查看间距、移动微调、图层重命名、打组/解组、快速选择、智能选择、旋转复制、画板自适应、画板折叠、设置快捷键、文本样式、图层样式、图片导出、Symbols。

（2）第三方插件：

Sketch measure、Font-Packer-master。

软件自带功能

很多人只知道Sketch有很多插件，却不知道它有很多自带的功能也非常好用，不亚于那些插件。

1. 新建画板

当你刚打开软件的时候，想要新建一个画板，可以按字母A，鼠标指针就会变成一个“+”号，可以自己随意框选画板的尺寸；也可以直接用界面右侧提供的常用设备的尺寸，如 iPhone 8、iPhone XS 等。

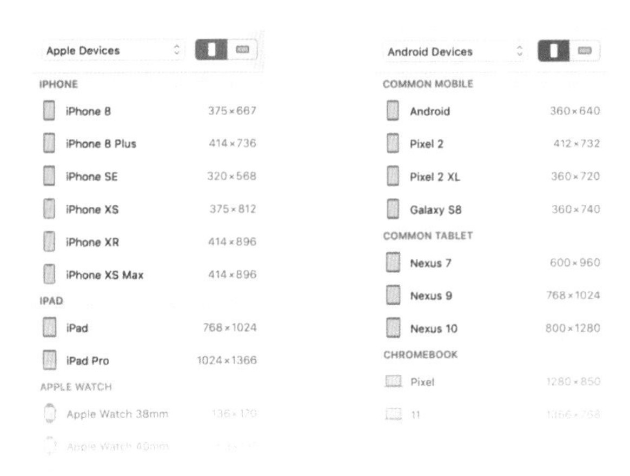

不过直接在右侧选择预设的尺寸时，画板的位置是固定的，没办法把画板新建到指定的地方。这个时候我们可以用鼠标直接框选画板，然后再在右侧调整画板大小。

2. 加减乘除

做界面的时候经常会出现这样的情况：要把一个图形三等分、四等分，或者说加上30px、40px，这时候如果手动去计算，然后再输入，很浪费时间成本，而且对于数学不好的人来说，还容易算错。

其实Sketch就自带一些快捷方法，在右侧尺寸大小的面板处，可以直接在尺寸后输入“+”“-”“*”“/”，后面跟上数字，输完之后确定，就可以得到想要的计算结果了。

加减乘除

3. 不透明度

当要改变一个元素的不透明度时，可以直接按数字键来调整。例如，你想把不透明度改到65%，那么选中这个元素后，直接按数字65；当不透明度是整数的时候，只需要直接输入数字6，就可以将不透明度调整到60%。

4. 快速查看间距

都说做 UI 是在跟像素打交道，界面中各个地方的参数大小都不能有误差。有时候我们就需要快速查看两个元素之间的间距大小，看看是不是统一。选择其中一个元素，按住Option不放，鼠标指针移到另一个元素上，就可以看到两者之间的间距了。

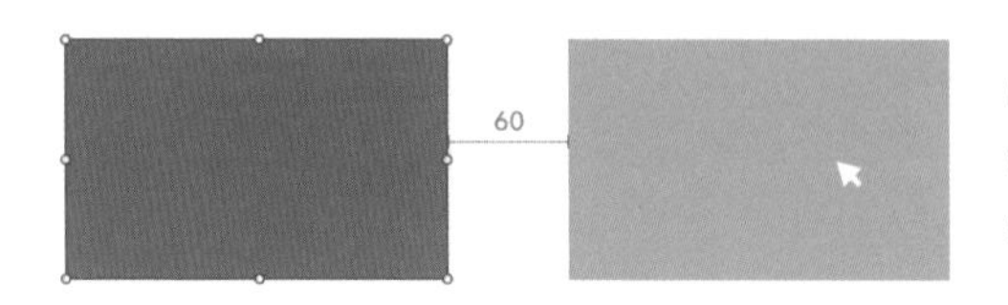

5. 移动微调

大多数人只知道按住Shift不放，选择“上”“下”“左”“右”可以向各个方向快速移动10px，但其实10px这个是可以更改的。对于移动端来说，普遍都会把参数设成8的倍数，那么微移10px来说显然不是那么合适，微移完了之后还得再调整一下。可以选择 Sketch-Preferences-Canvas，把移动对象的数值由10px 改成8px，或者任意你想要的参数。

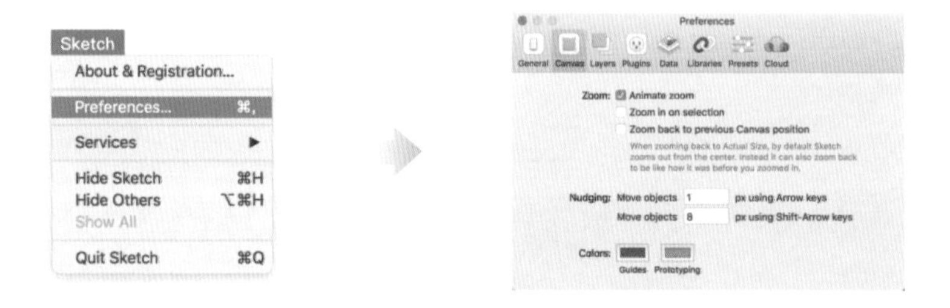

移动微调

6. 图层重命名

双击图层或者按住快捷键 Command+R，可以为图层重命名。

7. 打组/解组

按下快捷键Command+G/Command Shift +G，可实现打组/解组。

8. 快速选择

当我们把很多元素都打组之后，想要快速选择组内的元素时，常用的方法是双击元素，但如果组嵌套得特别多的话，就很难选中了。这个时候可以用快捷键帮助我们快速选择：按住 Command 不放，同时单击该元素。

9. 智能选择

当很多元素混在一起的时候，如果只想选中其中的几个，一下子框选会很容易选到不想选中的，这时候智能选择就派上用场了，按住Option 不放，同时用鼠标框选元素，最终只有全部被框选的元素才会被选中。

10. 旋转复制

记得刚开始用Sketch的时候，一直都不知道怎么旋转复制，都是在Ai里做好导入进来，后来才发现Sketch是有这个功能的。

旋转复制

11. 画板自适应

设计稿的尺寸超过一屏的时候，它的高度是根据内容变化的，没有一个固定值，所以做的时候一般都是先把元素排好，然后再手动调整画板的大小。但很多时候容易出现几像素的误差，这时候就可以用软件自带的功能来调整尺寸大小：Layer-Artboard-Resize to Fit Content。 其实可以把常用的功能设置成快捷键，后面会具体说到。

12. 画板折叠

想要折叠左侧画板的时候，可以选择 View-Layer List-Collapse All Groups。

13. 设置快捷键

Sketch里有些自带的功能有快捷键，但是很多常用的功能却没有，例如上面说到的画板自适应、画板折叠，我们可以自己设置：系统偏好设置-键盘-快捷键-添加-选择应用程

序 、输入菜单标题、设置键盘快捷键-添加。这里所写的菜单标题对应Sketch里的功能命名，必须要完全一样，这样设置的快捷键才会生效。

设置快捷键

14. 文本样式

这个就相当于一个全局统一的样式，仅针对字体。当我们定义好产品内所用的字号（例如一级标题、二级标题、正文的字号）之后，就可以把它做成文本样式，后续其他页面需要用到时直接调用即可。这样可以防止其他页面的参数出错，和之前的不统一。

新建文本样式　　　　重命名文本样式

当要修改的时候，可以只修改一处，单击刷新，就可以同步修改所有用到这个样式的字体。

修改文本样式　　　　批量同步文本样式

15. 图层样式

这个和文本样式是一样的，不过它针对的是图层。

16. 图片导出

当我们用2倍率作图的时候，最后导出切图会发现切图的后缀名不对，导出1倍率才是实际的2倍率图，导出1.5倍率才是实际的3倍率图，但是它的后缀却是@1x、@2x，容易让人误解。这个时候，只需要做一点小小的改变就可以避免这个情况了。

在软件界面的右下角选择Edit Presets（编辑预设），把默认里的导出参数的后缀名改一下，1倍率图的后缀名改成@2x，1.5倍率图的后缀名改成@3x。

图片导出

17. Symbols

众所周知，Sketch最高效的功能就是组件化界面中所使用的元素，设计师可以把同一个界面出现的相同内容都做成组件，方便后期直接调用（自带功能，不是插件）。

下面以 App 底部标签栏为例，详细说明下 Symbols 的用法：

首先，把红框处每一个内容都单独做成组件（选中元素，创建组件即可）。

再把整个标签栏做成 Symbols ，当后期需要改变状态时，只需要在右边更换即可。

不过需要注意的是，元素想要切换成其他元素时，必须保证这两个元素的大小完全一致；其次，修改文字时，也要考虑文字显示的宽度，需要把默认显示范围设置成最大显示范围。

第三方插件

1. Sketch measure

1）字体

Sketch measure是非常好用的一款切图标注插件。很多人在标注字体的时候，可能会出现这种情况：文字密密麻麻的，所有的参数都出现了，但其实仔细看会发现很多参数都不需要，还占地方。

海盐社·所写即所思

layer-name：海盐社·所写即所思
color：#333333 100%
opacity：100%
font-size：150px
font-face：PingFangSC-Regular
character：0px
line：210px（1.4）

刚开始遇到这种情况，我都是手动把不需要的删除，直到后来才发现有快捷键。我们只需要在标注的时候按住Alt键，再单击标注（红框处）就会出现调整参数的界面，可以选择需要标注的种类，以及标注信息所显示的方位。

2）自动导出

如果每个页面都手动标注的话，人力成本太大，所以可以用自动导出与手动标注相结合的方式，把重要的、容易忽略的信息手动标注一下（如小屏幕怎么适配等）那些重复性的工作都可以交给自动导出。

自动导出

2. Font-Packer-master

工作中经常会遇到这种情况：当你把文件发给其他人的时候，对方收到后弹出各种没有字体的提示，然后软件还会自动替换成其他的字体。而现在有了Font-Packer-master插件就能避免这个问题了，我们可以把页面所用的字体一起打包发给其他人。

画重点

以上就是我在用Sketch时总结的一些小技巧。最后我想要说明的一点是，虽然Sketch的插件很多，琳琅满目，但是我们要学会从中找到适合自己的，在不影响最终界面效果的前提下，提高工作效率。当一个插件对界面效果以及工作效率没有太大帮助的时候，那它就并不适合自己。

说一句老生常谈的话：要想做出好作品，关键不在于工具，而在于想法。

07 那些你不知道的好用软件

文 / 吴萌

选择对了工具，就成功了一半。可是很多人并没有意识到这一点，还是习惯于用自己最顺手的工具，不愿意去改变。换个角度想想，互联网发展得这么快，很多跟不上时代发展的东西都会被淘汰，在没有Sketch之前，大家用PS做UI；有了Sketch之后，工作效率提升很多。既然迟早都会改变，那为什么我们不做最早吃螃蟹的那一拨人呢?

下面就从不同方面来分别介绍一些好用的软件，这些都是实际工作中会常用的：

- 在线协同 —— 石墨文档
- 图片管理—— Eagle
- 云存储 —— 坚果云
- 高保真交互原型 —— Protopie
- 动效制作及输出 —— AE+Lottie

在线协同——石墨文档

石墨文档是一款轻便、简洁的在线协作文档工具，PC端和移动端全覆盖，支持多人同时对文档编辑和评论，让你与他人轻松完成协作撰稿、方案讨论、会议记录和资料共享等工作。PC端支持macOS和Windows系统，移动端支持iOS、Android及微信小程序。

石墨文档可以把自己的文件分享给其他人，当需要协作的是文件夹时，没有分享功能，只能为当前文件夹添加协作者。添加后文件夹的所有者可以设置他人的权限，协作者删除文件只会退出文件共享，对原文件没有任何影响。后续文件夹内新增内容，也会直接同步给所有该文件的协作者。

图片管理 —— Eagle

Eagle是一款图片收集软件，相当于本地的花瓣。安装浏览器扩展插件后，无需下载图片，只需要简单地下拉、拖曳就可以完成图片的收集。加上图片是保存在本地，所以即使没有网络的时候也能查看。可配合坚果云使用，让两台计算机之间的文件实时同步。支持macOS和 Windows 系统。

1. 导入花瓣画板

该工具可以一键导入花瓣里的图片。不过需要注意的是，花瓣地址必须写单个画板的地址，不然会显示网址无效。此外，不只是可以导入自己的单个画板，还可以导入别人的画板。要是看到哪个花瓣用户的图片特别好，可以直接将其导入。

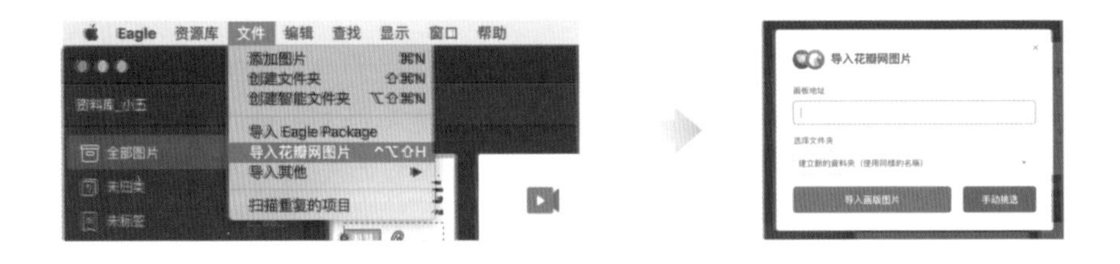

2. 整理素材库

采集好的图片可以按照文件夹的形式进行整理，下图是我自己所列的文件夹目录。Eagle还可以为文件夹选择不一样的颜色，且支持多重条件筛选图片。

云存储 —— 坚果云

坚果云是一款云盘同步软件，堪比百度云盘的升级版。它可以同步计算机任何位置的文件夹，不用像icloud一样，要把文件夹拖到制定地方才能同步。而且还支持协作，你可以和其他人共同维护一个文件夹，实时同步修改内容。它支持macOS和Windows系统，移动端支持iOS和Android系统。

1. 两台计算机文件实时同步

安装坚果云后，计算机内的任何一个文件夹右键都会出现坚果云的选项，单击同步到个人空间，等待同步完成，就可以在客户端内看到该文件夹。

文件夹右键

开始同步

当想要把客户端的文件同步到另外一台计算机的时候，可单击客户端的对应文件夹后面的设置，选择一下同步到本地的路径（红框处）。这样文件里的内容被一个设备修改，也会实时同步到另一个设备上。

2. 历史版本

当误删文件需要找回的时候，可以通过坚果云的历史版本去恢复，坚果云会为我们保留3个月内的历史文件。

3. Eagle、坚果云配合

可以把Eagle的本地文件夹放到坚果云里同步，然后在另外一台计算机上把Eagle的文件夹同步下来，这样 Eagle 素材库也能实现云同步了。

高保真交互原型 —— Protopie

Protopie可以让你的原型自己说话，无须输代码就可以实现几乎所有交互效果。操作原理是交互=对象+触发动作+反应动作，非常适合做用于设计稿演示的高保真原型，且支持传感交互，例如麦克风、3D Touch等。支持macOS和Windows系统，移动端支持iOS、Android系统。

1. 操作原理

先选择触发动作的对象，也就是说对页面上的哪个元素进行操作，会发生交互行为；然后再选择触发交互行为的动作，如单击或者下拉等。

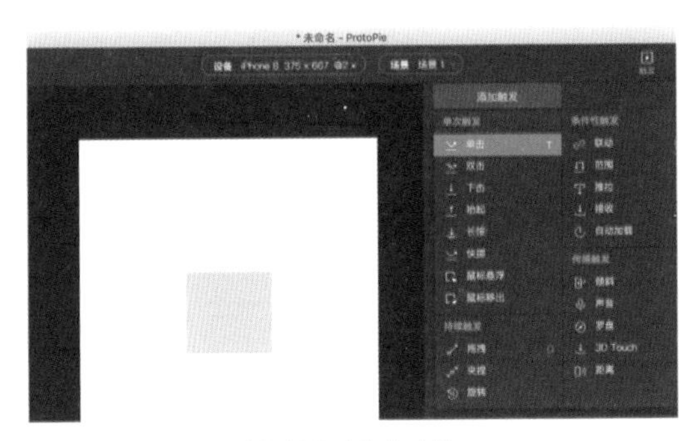

选择触发动作的对象

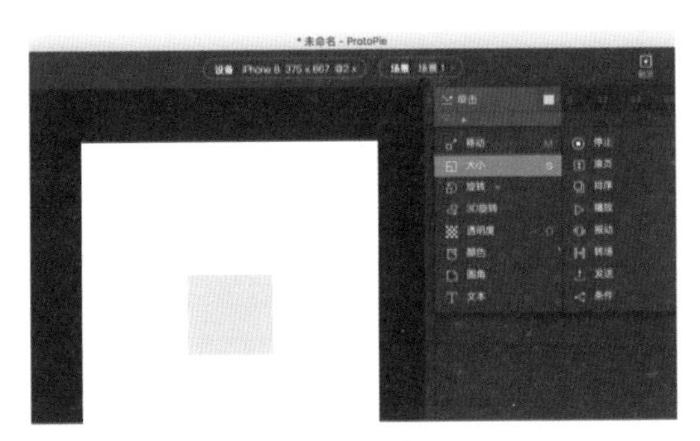

选择触发动作

最后再选择发生交互行为后的参数以及图层，例如放大至500px，x轴移动至281px等。

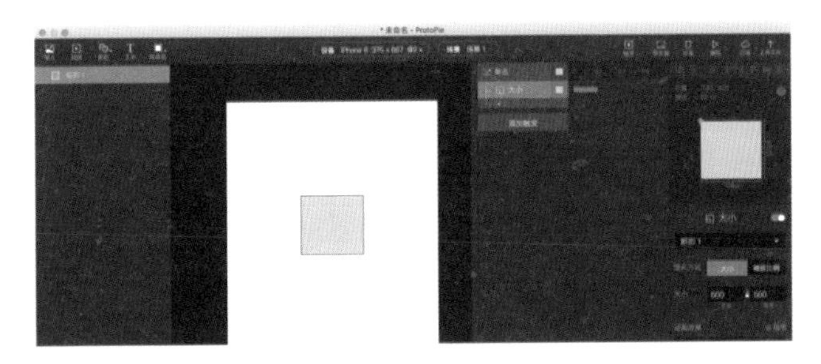

选择参数

2. 手机实时预览

手机下载客户端之后，可直接预览制作的效果，百分百模拟开发者实现后的效果。

动效制作及输出 —— AE+Lottie

Adobe After Effects简称AE，是Adobe公司推出的一款图形视频处理软件。虽说其特长在于制作视频动画，对于 UI 动效来说有点大材小用，有些烦琐且没有交互行为；但它配合 Airbnb 的 Lottie 使用，可以将动效直接导出 json 文件，供开发者直接调用，能有效减少动效输出的成本以及开发的成本。

1. 前期准备

安装好 AE 客户端以及插件 bodymovin.zxp 和 ZXP Installer 之后，单击 AE 的“窗口-扩展”会新增一个 bodymovin ，如果没有就表示没有安装成功。

确定插件安装成功后，打开AE“编辑 - 首选项 - 常规 - 界面”，选中允许脚本写入文件和访问网络（否则后面导出时会报错），完成这一步之后就可以开始正常制作动效了。

2. 结合 Lottie 导出 json 文件

单击扩展里的 bodymovin 插件，就会出现所做的动效。选择需要输出的动效以及文件保存地址，然后再单击设置图标，选择输出的格式，选中第 2 个和倒数 2 个并保存。

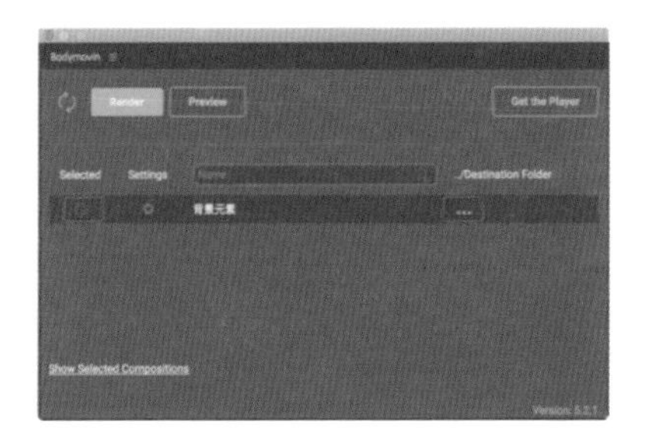

选择输出的动效以及保存地址　　选择输出格式

单击 Render 输出文件即可。最终输出的文件包含 json 文件、可直接预览的原型以及使用的素材文件夹。

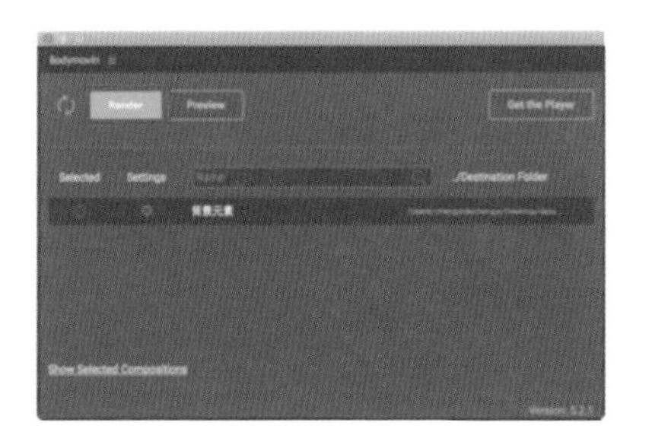

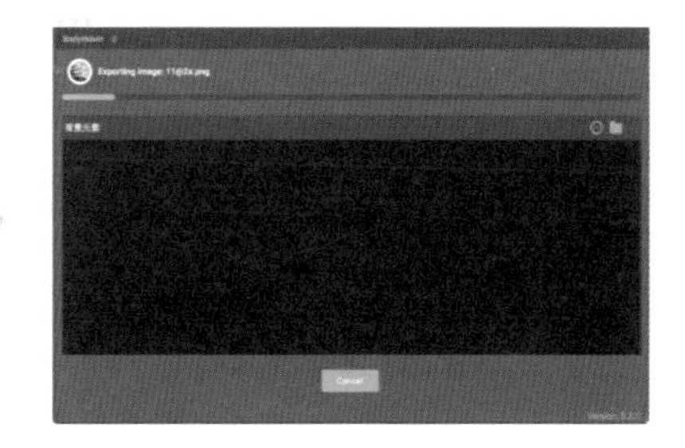

输出　　正在输出

画重点

以上介绍了一些好用的软件，包括在线协同工具石墨文档、图片管理工具 Eagle、云存储工具坚果云、高保真交互原型工具Protopie、动效制作及输出工具AE+Lottie。这些都能帮我们在一定程度上提高工作效率，减少重复性工作，非常值得一试。

第3章

/

设计理论与实践

01　情感化设计理论

文 / 付铂璎

情感化设计是完善产品、提升用户体验的关键。在当今移动应用泛滥的时代，只有存在情感化设计的产品才能脱颖而出。如今的用户不再满足于与冰冷的机器进行互动，更希望在每次操作中有情感上的互动。情感化设计在很多时候可以缓解用户负面情绪，帮助用户快速熟悉产品。所以，了解情感化设计并有效地运用，是一款好产品必不可少的环节。

网络用图–情感表现

什么是情感化设计

情感化设计旨在抓住用户注意力、诱发情绪反应，以提高执行特定行为的可能性。通俗地讲，就是设计某种方式去刺激用户，让其有情感上的波动。通过产品的功能、产品的某些操作行为或者产品本身的某种气质，让用户产生情绪上的唤醒和认同，最终使用户对产品产生某种认知，在心目中形成独特的定位（出自《设计心理学》）。

情感化设计三要素与产品的结合

Donald A. Norman的《设计心理学3：情感化设计》一书中，从知觉心理学的角度解释了人在三个层次的本性，即本能的、行为的、反思的。

情感化设计三要素

1. 本能水平的设计

本能水平设计的基本原理来自人类本能，这一层次的主要物理特征是视觉、听觉、触觉占主要支配因素。一般人刚看到一个物品时就想要，往往是出于本能选择。

案例：本能水平的设计在移动端UI中的运用就是视觉的体现符合大众认知，让用户看到后就有想下载的冲动。由此也可见设计师的重要性，颜值才是产品的敲门砖，如下图所示：

交通银行　　掌上生活

抛开不同银行的情景，两张图同为银行的首页界面，如果让你选择一个App留在手机中会怎么选择？我咨询了100位亲朋好友，最终选择掌上生活的人占82%；选择交通银行的占18%。

通过这个测试我们可以看出，视觉效果在产品初期的下载率上会起到决定性作用。

2. 行为水平的设计

行为水平的设计注重的则是效用，产品需要功能良好，操作简单，并具备物理感觉（真实感觉）。以使用者为中心才是设计的核心。

案例：上面说视觉是敲门砖，那么行为水平的设计就是用户愿不愿继续使用的决定因素，也是提升用户体验最关键的部分。再好看的设计，如果用户使用起来有诸多不爽也是枉然。下面整理了一部分行为水平的设计案例。

1）贴心的功能

共享单车系列的产品中，我最喜欢的就是7号电单车，什么原因呢?

7号电单车在开车后的界面中有两个操作，“临时锁车”和“结束用车”，这就是功能好，摩拜就没有考虑到这样的使用场景：我需要到达多个目的地且停留时间都很短，如果不锁车可能被别人偷骑走，锁了车又会被别人再次开锁骑走。所以就功能而言，7号电单车的体验更好。

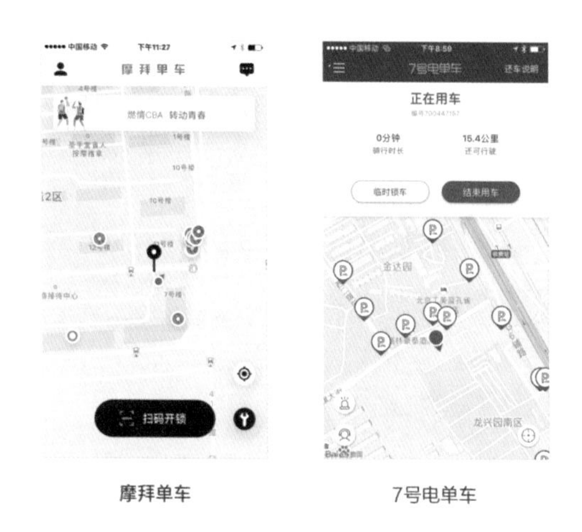

摩拜单车　　7号电单车

2）引导用户

产品初期和迭代中都会存在用户不了解信息以及功能的情况，所以我们需要用文字的形式帮助和引导用户。

如下图所示，Keep选择用图标、文字、按钮的组合引导用户如何去更好地使用，微信则是用一个纯文字的弹框告知用户需要注意的事件。所以，在产品中运用通俗易懂的图文来告诉用户当下发生的事情和需要去执行的事情，也是情感化设计的重要环节。

Keep　　微信-摇一摇

3. 反思水平的设计

当用户在使用产品后，理性的思考往往会让用户对产品做出一个评价。这个层次涉及文化、教育、个人经历等各方面，每个人的评价都不一样。

案例：平台中的点赞功能一般都是一个大拇指，所以用户也不会因为点赞而记住产品。那么，常规且用户习惯的设计，如何可以做到既合理又有特点呢?

如下图所示，左侧是微博，点赞图标是常规的“大拇指”设计，不会给用户留下深刻的印象；而右侧虎扑则是用了个灯泡图标配上文字“亮了”，既有新意，又符合使用场景，增加用户的点击欲望。可能有人会反驳，这样的形式增加了用户的学习成本。我们在前面也讲到需要反思的是那些常规且用户已经习惯的设计，所以即便改变了造型，只要是符合用户使用习惯的设计，就不会增加用户的学习成本。

微博　　虎扑

产品不仅是所有功能的集合，它们真正的价值是可以满足人们的情感需求，而其中最重要的需求就是建立自我形象与社会地位。 反思水平的设计包含并超越前两个层次，我们要经常思考，为什么同类型的产品之中我要选择它，为什么它给我留下了很深刻的印象，这都是反思水平的设计需要做的。

情感化设计的作用

1. 缓解负面情绪

众所周知，在生活中等待是最容易让人产生负面情绪的，设计中也是如此，为了缓解用户的焦虑，减少等待时间是很必要的。但有的时候界面加载时间受很多客观因素影响，没有办法保证其速度。所以我们就需要通过一些情感化设计来缓解用户的负面情绪。

案例：可以在需要用户等待的地方加入一些动画效果，而不同的动画效果也会有不同的情感传达，如下图所示：

美团外卖　　土豆视频

美团外卖的刷新加载，是一只袋鼠骑摩托的动画，因为是送餐服务，所以时刻都在给用户传达“快”的宗旨。有趣的是，在App中袋鼠的动画是受红绿灯影响的，也传递了“绿灯行，红灯停”的交通法规，很有意义。而土豆则是休闲娱乐的视频App，所以加载动画也会传达出很放松的情感。诸如此类的动画在App上还有很多，只要在需要用户等待的场景下使用符合情境的动画，便能在一定程度上减少用户的负面情绪。

2. 引导用户行为

人的记忆分为短期记忆和长期记忆，短期记忆也称工作记忆，而我们在使用手机时通常是短期记忆，为了完成任务而临时存储的信息，一般会保留几秒。所以在设计时我们要帮助用户，去减轻他们的记忆负担，下面结合实际案例来详细说明下。

案例：界面中标签有切换功能，在同一模块中选择不同的标签，它们的选中状态样式是相同的，如下图所示：

马蜂窝–首页　　马蜂窝–北京

不要增加用户的记忆负担，避免同个操作在不同模式下有不同的效果。

情感化设计的风险

要知道情感化设计是为满足用户的情感需求而生，有些情感化设计是需要结合产品的定位、文化区域而定的。事物存在两面性，有的情感化设计会得到用户的喜爱和兴趣，有的则会给用户带来负面情绪。

1. 产品定位不同

不同的产品定位需要不同的情感化设计。例如上面说到的，美团为了体现速度用了袋鼠骑摩托的动画，而土豆主要是休闲视频，所以动画效果用的则是品牌人物在吃爆米花。两者调换后就不会有那么好的效果了。

2. 时效性

情感化设计是有时效性的，不同阶段所用的设计也会有所区别。例如过节时期，很多App都会把界面做成符合节日的插画、图标等，但不会长期使用。本文中举的很多例子在目前的版本已经不再使用，如下图所示：

饿了么-常规首页　　饿了么-世界杯首页

图中左侧是饿了么的常规首页，右侧是它在世界杯时期的界面设计。页面的Banner以及金刚区图标改版后都围绕世界杯主题设计，迎合当时的氛围，喜欢世界杯的用户或许也会选择有世界杯界面的外卖订餐。但世界杯的时段一过，还需要恢复为常规界面，这便是时效性。

画重点

（1）情感化设计的重要性：提升用户体验、提升下载率、保证留存率、减少卸载率；

（2）情感化设计的定义：旨在抓住用户注意力、诱发情绪反应，以提高执行特定行为的可能性；

（3）情感化设计三要素：本能水平的设计、行为水平的设计、反思水平的设计；

（4）情感化设计的作用：减少用户负面情绪、引导用户行为；

（5）情感化设计的风险：产品定位不同，情感化设计需要根据不同的产品定位设计，否则就会适得其反；迎合节日活动的设计不可以长久使用，否则体现不出设计的时效性、特殊性和融合性。

参考资料

海边来的设计师－情感化设计－三部曲　https://comesea.zcool.com.cn

设计师，你真的了解情感化设计吗　http://t.cn/EfiaTA3

情感化设计中的手绘应用表现　http://t.cn/EfiSvN0

情感化设计在产品中的应用　http://t.cn/EfiSxJl

并不复杂！写给新手的情感化UI设计简明指南　http://t.cn/EfiSllb

UI界面中的情感化设计　http://t.cn/EfiS1s2

02 格式塔原理

文 / 吴萌

格式塔心理学派中的“格式塔”源自德语Gestalt，意思是“整体”“完形”。

该原理的核心理论是，人的视觉具有整体化、简化处理图形的倾向，因此，当一个不完整的图形出现在人的视觉当中时，人的视觉思维会倾向于自动将其补全，使其变成一个已知的、完整的、常见的整体图形，即“完形”。

打个比方说，当你看到一个圆形，但圆形的边上有一个很小的缺口，你的大脑会倾向于将它识别为一个完整的圆形；当你看到天空中的一朵云，你会下意识地把它想成一个动物或一个别的你知道的物体的形象；往远了说，在神话故事里，那些妖魔鬼怪、神仙菩萨，他们的形象也是由已知的、熟悉的形象组合而成，而不是凭空出现的。

格式塔作为一个著名的心理学原理，与界面设计的结合也比较密切。例如它可以帮助我们梳理界面的信息结构、层级关系，提升界面的可读性。它主要有几个特性：相似性、接近性、封闭性、连续性、主体与背景关系和均衡性，下面来详细讲述。

相似性

人的潜意识里会根据物体的形状、大小、颜色、亮点等，将视线内一些相似的元素组成整体，各自分类。如下方左图，大家会把圆形的一列看成一个整体，菱形的一列看成一个整体；而当我们为其改变颜色的时候，如右图，它所传达出来的意思又发生了改变，人们会把绿色的一行当成一个整体，橙色的一行当成一个整体。

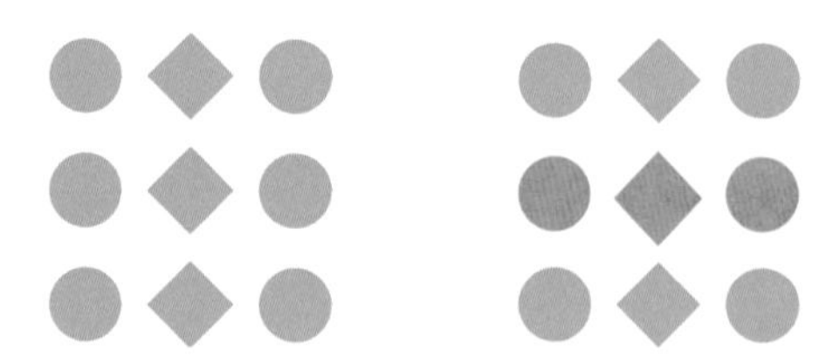

由此可以看出在人们的潜意识里，对于形状和颜色的认知“比重”不一样。一般来说，在大小一样的情况下，人们更容易把颜色一样的看成一个整体，而忽略形状的不同。

所以当我们有几个平行的功能点，但又想突出一个的时候，就可以把那一个做成特殊的形状或者是不同的颜色、大小等，这样用户能一眼看到你要突出的部分，而再细看那部分，又和其他部分是一个整体，不突兀，类似于平面设计中的 “特异” 。

如下图所示，美图秀秀和土豆视频通过放大、加深拍照、拍视频的图标，使之与底部标签栏上的其他图标有所不同，但是又能看出来同属于一个整体。

美图秀秀　　土豆视频

接近性

元素之间的相对距离会影响我们的视觉感知，通常我们认为互相靠近的元素属于同一组，而那些距离较远的则不属于同一组。接近性和相似性很像，不过相似性强调内容；而接近性强调位置，元素之间的相对距离会直接影响它们是不是同属于一组。如下图所示，我们会把左边9个圆形当成一个整体，而右边则会把第一列当成一个整体，把第二、三列当成另外一个整体。

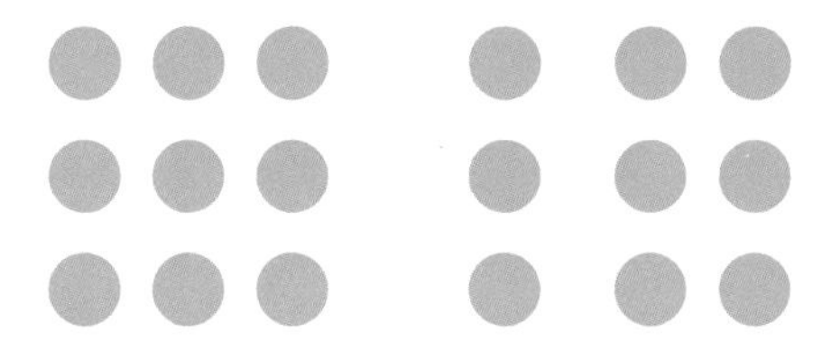

引起这样的视觉感受主要是因为圆形的相对距离不同。左图中圆形距离都一样，没有对比，而右图第二、三列的圆形明显靠得近些，自然它们就属于一组，较远的第一列则不属于。

在UI中最常见的就是列表以及文字展示、图文展示了，在列表页信息多的时候，都会把趋于相似的功能放在一起，利用接近性原理，使它们在视觉上趋于一个整体。这样既能让界面功能清晰易懂，又不至于杂乱无章。

微信　　　　得到

在文字展示中，标题也会更趋近于自己的正文内容，使得信息层级区分得更明显。

爱彼迎

其实这一点，和《写给大家看的设计》中作者 Robin Williams 提出的“亲密性”意思一样，亲密性主要讲的是彼此有关联的元素在页面上的距离要近些，而没有关联的要离得远些。如果页面上元素的亲密性一样，那么我们就会把它当成一个整体。

封闭性

人的眼睛在观看时，大脑并不是在一开始就区分出各个单一的组成部分，而是将各个部分组合起来，使之成为一个更易于理解的统一体。这个统一体是我们日常生活中常见的形象，如正方形、圆形、三角形、猫、狗等。

如苹果公司的logo就算存在缺口，但是我们还是能一眼看出它就是个苹果的外形；而右边

的熊猫头部和背部都没有明显的封闭界限，但是我们还是会把它当成一个完整的熊猫，甚至不会觉得奇怪。

这一原则在很多地方都会用到。例如在第一页屏幕中，我们总会露出下一个模块的边角，或者是可滑动的 banner 图，都会外露下一模块的内容。这本质上就是利用了这一原则，人的眼睛有自动补全功能，不用看到全部，也能脑补出下一模块会出现什么。

淘票票　　　　App Store

连续性

人的视觉具备一种运动的惯性，会向一个方向延伸，以便把元素连接在一起形成整体。如下图，你是会把它当成两个大的圆形，还是当成无数个小圆呢？毋庸置疑，第一眼看到的时候，肯定是两个大的圆形，而不是无数个小圆。

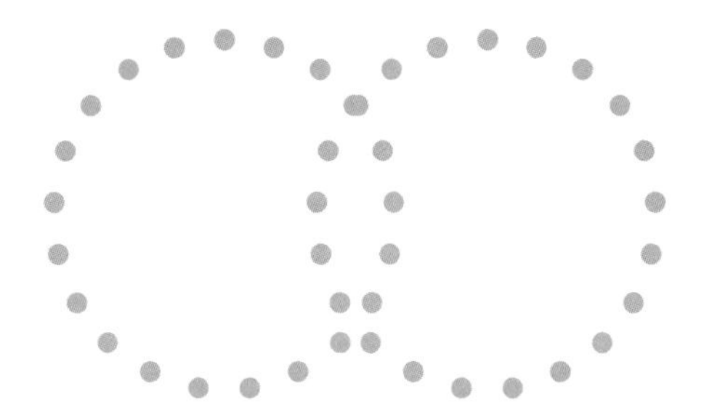

主体与背景关系

我们在看一个页面的时候，总是不自觉地将视觉区域分为主体和背景，而且会习惯把小的、突出的那个看成是背景之上的主体。主体越小的时候，主体与背景的对比关系越明显，主体越大则关系越模糊。

白色表示主体 灰色表示背景

而在UI设计中，最常见的区分背景和主体的方式就是蒙版遮罩以及毛玻璃效果，这两种都能起到弱化背景、突出主体的作用，使得它们的对比关系更明显。

小红书 微博

当主体达到最大值——全屏的时候，主体与背景合二为一，主体与背景的对比区分就不存在了。这种情况常用于全屏幕的弹窗。

Airbnb

均衡性

人在观察一个物体的时候，会下意识地去寻找它们的平衡点。元素在页面上处于一种平衡状态，看起来是一样大小，会让人心情舒缓愉悦。而在 App 界面设计中这一点尤为重要，可能你在设计的时候会不自觉地运用这一点。

需要注意的是，视觉大小≠物理大小，例如边长和直径相同的正方形和圆形，在视觉上我们会觉得它们不是一样大的。

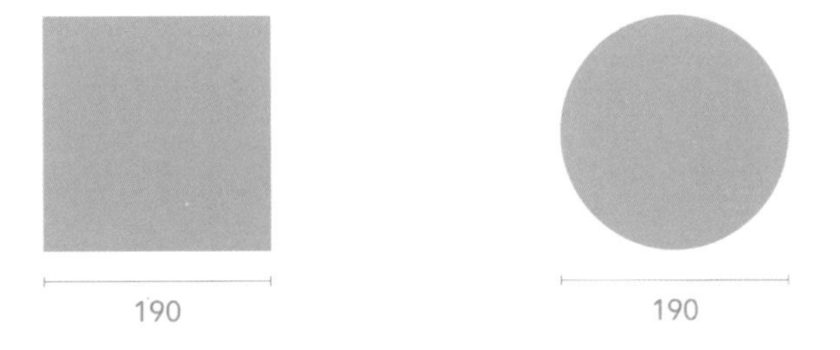

当我们要让其变得“一样大” 的时候，就可以选择将圆形调大一点，或者把正方形调小一点，让它们在视觉上保持一致。

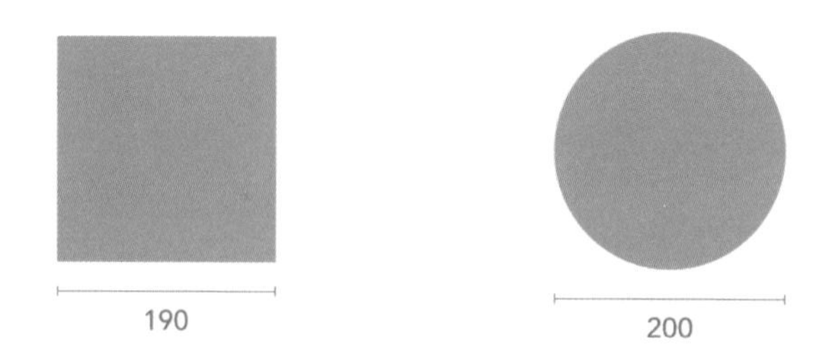

这点在实际工作中要尤为注意，很多时候图标物理大小是一样的，但视觉大小并不是一样的。而我们的输出物最终是以视觉呈现的，所以必须保证视觉效果一样。

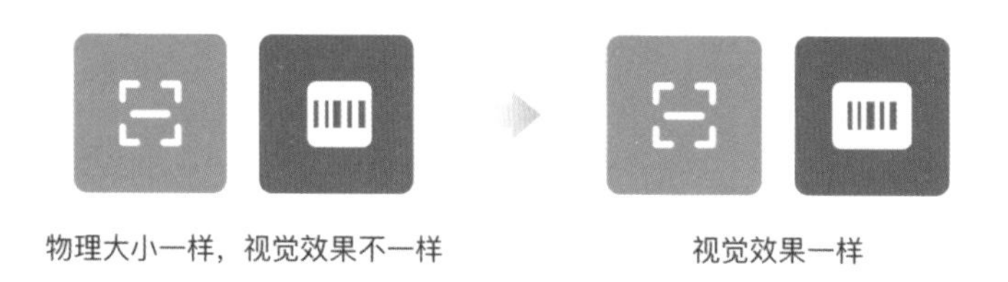

画重点

格式塔原理有以下几种特性：

相似性：人的潜意识里会根据形状、大小、颜色、亮点等，将视线内一些相似的元素组成整体。

接近性：元素之间的相对距离会影响我们的视觉感知，通常人们会认为互相靠近的元素属于同一组，而那些距离较远的则不属于同一组。

封闭性：人的大脑在看一个物体的时候，会更趋近于把它当作一个整体，而不是单个部分。

主题与背景关系：我们在看一个页面的时候，习惯于把小的、突出的部分看成是背景之上的主体。主体越小的时候，主体与背景的对比关系越明显，主体越大则关系越模糊。

均衡性：人们在观察一个物体的时候，会下意识地去寻找它们的平衡点，元素在页面上处于一种平衡状态，会让人心情舒缓愉悦。

其实在实际中，格式塔的各个特性一般都不会孤立存在，它们都是相互影响的。例如均衡性里说到的图标元素在视觉上保持统一，里面也涉及相似性，即人们更容易把相似的物体当成一组。所以我们不要孤立地去想它、用它。

03　巴甫洛夫反应

文 / 姜正

我们面对未知事物总是抱有好奇心，总是会猜测到底发生了什么。例如我们在手机上接收到产品的推送或者好友发来的消息时，我们总是会忍不住打开手机看一下，但我们却不知道它什么时候会给你发送消息，或者是谁会给你发送消息。

表面上是我们的好奇心在驱使，实质上则是我们体内的多巴胺系统对于外界刺激做出了反应，而多巴胺系统恰恰是巴甫洛夫反应的控制器。巴甫洛夫反应是我们在设计中最经常使用的心理学说之一，通过巴甫洛夫反应能够帮助我们解释人们为什么乐于对日常接收的信息内容做出迅速的反应，它也能指导我们日常的设计工作。

巴甫洛夫反应的定义

巴甫洛夫反应由俄罗斯生理学家巴甫洛夫（Ivan Petrovich Pavlov，1849—1936）创立。巴甫洛夫反应是指对于具有特定线索、可被预示即将发生的事物，我们的身体会立刻做出反应，巴甫洛夫反应又称“条件反射定律”。

值得一提的是，巴甫洛夫反应的控制器是我们身体的多巴胺系统。针对不同外界环境的刺激，我们体内的多巴胺系统会做出不同的应对反应，而且生物体内的多巴胺系统对能够得到奖励的刺激尤为敏感，并且充满期待。

举一个简单的例子，训犬师这个职业就是成功利用巴甫洛夫反应的最佳案例之一，训犬师往往会通过物质和行为的不断刺激，给予宠物犬一些奖励让它记住一些特定的信号和动作，一旦训犬师做出特定的动作，宠物犬就会接收信号做出特定的反应，期待得到相应的奖励。例如简单的坐下、握手等动作都是对巴甫洛夫反应的表现。

应用场景

1. 消息提示

经常有同学说自己有强迫症，看到 App 图标的小红点（徽标）就想点掉，其实这正是产品利用了巴浦洛夫反应。通过徽标这一特定线索，预示着用户收到了新的消息内容，导致用户看到徽标就迫不及待想点击查看。

经常出现的使用场景有底部导航栏、底部操作栏、信息列表、核心功能等，以微信和易信为例，通常以徽标的形式出现在功能图标和用户头像的右上角以及信息栏末尾的位置，通知用户当前有未读取的消息内容，如下图所示：

微信　　　　易信

2. 信息简介

在多巴胺系统中，少量的信息并不能满足用户对于更加全面和完整的信息的追求。在产品中，由于受到硬件载体的限制，无法将详细的信息一下子全部显示出来，所以通过信息简介的形式，以简短的标题告诉用户当前模块的内容主题。产品正是利用巴甫洛夫反应，通过简短的标题信息来吸引用户，引导用户点击查看详情页面。例如，36氪、今日头条、好奇心日报都是通过简短的信息来吸引用户，利用用户对更多、更加全面信息的渴求诱导点击。

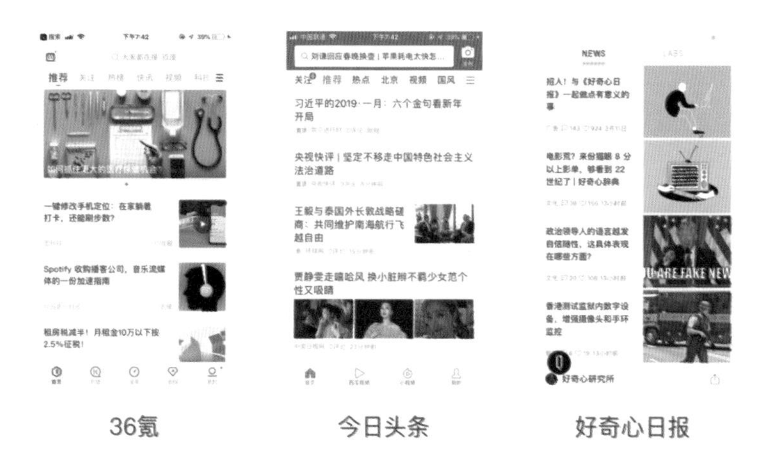

36氪　　今日头条　　好奇心日报

3. 沉浸式体验设计

当用户面对Feed流、卡片流、瀑布流等沉浸式的设计形式时，当前页面的内容极有可能不满足用户的需求，因为用户总是渴望得到更多、更全面的内容。这时用户会通过不断下拉这一交互行为，查看隐藏在屏幕下端未显示的内容来满足自己，如下图所示：

大众点评　　nice　　same

大众点评、nice、same都是利用用户对于更多、更全面信息的追求，刺激用户不断下拉浏览新的信息。这不但提高了用户的浏览量，同时也提高了产品的沉浸感。

4. 弹幕

面对源源不断弹出的弹幕，用户总是充满了期待。弹幕按照特定的轨迹（线索）运动预示着即将出现新的内容，让用户对此产生期待，渴望看到下一条弹幕以及后续其他用户源源不断产生的内容，也让用户愿意花更多时间停留在当前页面当中。

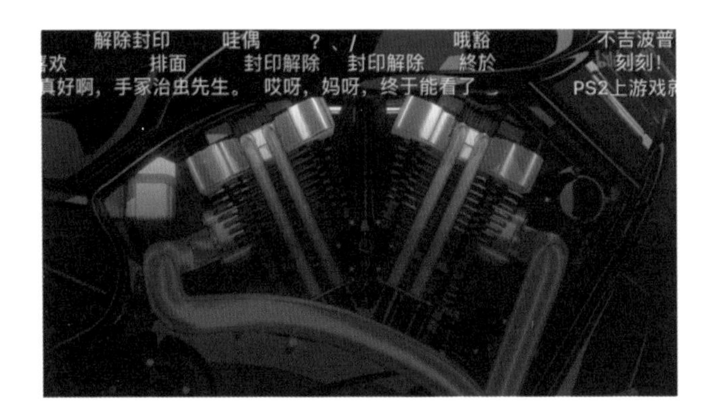

哔哩哔哩

在我们平时使用的大部分视频软件中都有弹幕的功能，弹幕看似破坏了用户的沉浸感，但是所产生的内容能让用户更加沉浸其中。例如，哔哩哔哩将弹幕固定在顶部1/4的区域中，不会影响用户观看画面，让用户可以享受到视频和弹幕带来的双重快乐。

5. 更多和全部

在屏幕中所能显示的内容是有限的，这往往不能满足人们对更多和更全面内容的需求，所以在大部分情况下我们会利用横轴交互和“更多”“全部”的功能按钮。横轴交互是利用横向的未知空间（即屏幕右侧的隐藏空间）展示隐藏内容的局部，一般会结合卡片式的设计，通过卡片滑动展示更多的信息内容。

下厨房　　　　网易云音乐

“更多”和“全部”也是常见的功能之一，通常以功能按钮的形式出现。更新、更多预示着还有大量的隐藏内容没有展现出来，这对用户的吸引力无疑是巨大的。常见于金刚区或者运营的专题活动区。

腾讯漫画

下厨房

6. 奖励机制

多数产品会通过一定的机制给予用户“奖励”刺激用户参加运营活动，因为人体内的多巴胺系统对奖励的刺激尤为敏感，一旦出现就会立马做出反应。例如春节期间的集福卡活动，奖励总和是巨大的，例如“瓜分四个亿”之类，极具吸引力。即使用户知道自己最终所得不多，但是面对这一巨大利益的吸引也愿意积极参与。

支付宝集福卡的活动通过扫描“福”字获得福卡，而且每张福卡都有一次抽奖机会，未知的奖励更加刺激了用户的好奇心，促使用户不断扫描福卡，沉浸在集福卡的活动中。当然常见的使用场景还有分享有礼、邀请好友有礼、分享返还红包等，这些都在一定程度上提高了产品在其他平台的曝光率。

支付宝　　盒马鲜生

7. 成就系统

成就系统是指产品给予人们精神上的奖励，通过特定的机制，用户只要按照一定的方法去执行就能获得系统内一定的成就。在这里运营机制就是明确线索，成就就是最终预示的结果。例如 WALKUP 运动中的排名，就是通过用户每日的行走步数来计算的。

WALKUP

成就系统大多应用在产品游戏化的场景中，例如常见的排名系统和勋章系统等，成就系统能够有效激发用户的积极性，提高产品的日活。

画重点

（1）巴甫洛夫反应又称“条件反射定律”，它的控制器是体内的多巴胺系统，针对外界的刺激，身体会主动做出反应。

（2）巴甫洛夫反应的应用范围较广，主要应用场景必须建立在特定的线索上，线索可预示即将发生的事情，能刺激用户对此做出反应。

参考资料

Suan Weinschenk. 设计师要懂心理学[M]. 徐佳，马迪，余盈亿，译. 北京：人民邮电出版社，2013

04　费茨定律

文 / 刘芳

在我刚做设计时，我的总监总说："这个按钮应该再大一点""那两个按钮离远一点""图标最好放在这个位置"……那时候我总是不理解为什么要这样做。直到我看到费茨定律才明白，按钮越大，用户操作所需时间越短；距离越远，用户操作所需时间越长。本文通过一些实际案例，讲述什么是费茨定律及其如何指导界面设计，分析它在移动端界面中的应用。

什么是费茨定律

费茨定律是人类运动的预测模型，主要用于人机交互和人体工程学。该定律预测光标或手指从一个起始位置移动到最终目标所需的时间（T）由两个参数决定，即光标或手指到目标的距离（D）和目标的大小（W）。

用数学公式表达为$T = a + b \log_2(D/W + 1)$。其中$a$、$b$是经验常数，$a$代表手指开始到停止的时间，$b$代表手指的移动速度。

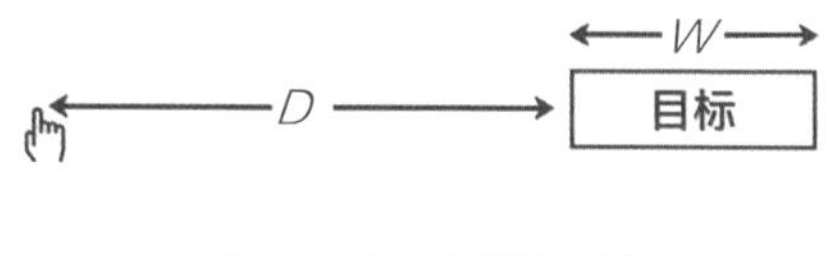

$T = a + b \log_2(D/W + 1)$

举一个生活中开灯的例子：

早期的开关只有一个手指大，每次开灯的时候都需要将手移动到开关上方，然后伸出手指调整到适合位置再按下。由于按钮小，在没开灯的时候你根本不知道它在哪里，需要不停地摸，所需时间就比较长。

后期大家意识到了这个问题，将开关按钮设计得更大，人们操作时只需要将手移动到按钮上方，不需要调整直接按下即可，所需时间就大大变短了。

早期开关-小按钮　　后期开关-大按钮

如何指导界面设计

费茨定律应用比较广泛，其对移动界面设计也有很好的启发意义。结合费茨定律公式可以得出指导设计的三个要点：按钮越大，所需时间越短；距离越远，所需时间越长；手移动越快，越容易错误操作。

1. 按钮越大，所需时间越短

当到目标的距离一定时，目标越大，所需时间越短，反之越长。例如支付宝的登录流程，如下图所示：

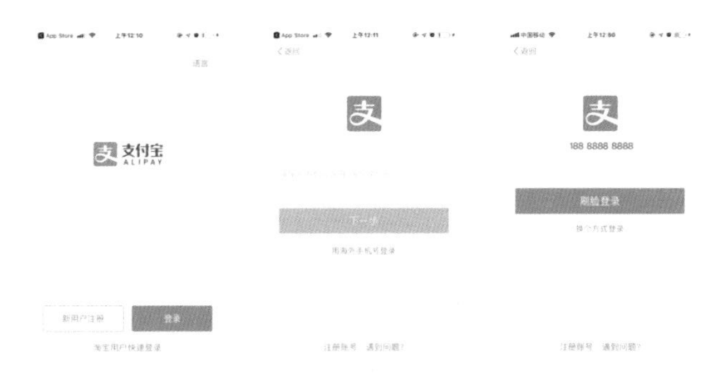

支付宝-初始页　　支付宝-登录页　　支付宝-刷脸登录

左图是支付宝初始页，该页面主要让用户选择合适自己的操作方式。因此在设计上采用登录和注册按钮并排，目标区域较小，给用户充分选择的时间。

中图和右图，界面中仅仅只有一个按钮，其他注册账号、遇到问题、用海外手机号登录、换个方式登录等都采用文字高亮的方式进行了弱化，用户使用时不用想就知道该点击哪个按钮，大大减少了操作时间，让用户可以专注于登录。

2. 距离越远，所需时间越长

当按钮大小一定时，手到目标的距离越远，所需时间就越长，反之越短。但是这里就发现一个问题，移动端如何判断手到目标的距离呢？这里我们可以借用拇指热区来进行判断。

随着手机越来越大，不同机型的拇指热区会有所差异，以右手操作iPhone 6为例，它的拇指热区如下图所示：

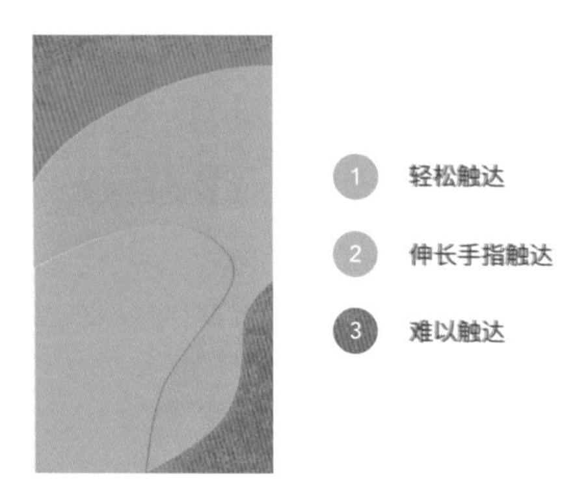

根据图例可知1号区域是我们手指最容易达到的；2号区域是伸长手指才能触达，操作相对较难；3号区域为难以触及的区域。我们可以判断手指到1号区域的时间最短，到3号区域的时间最长。因此在设计时需要将重要层级高的按钮放到拇指热区手指能轻松触达的部分，让目标离手指更近，从而提高操作速度，如下图所示：

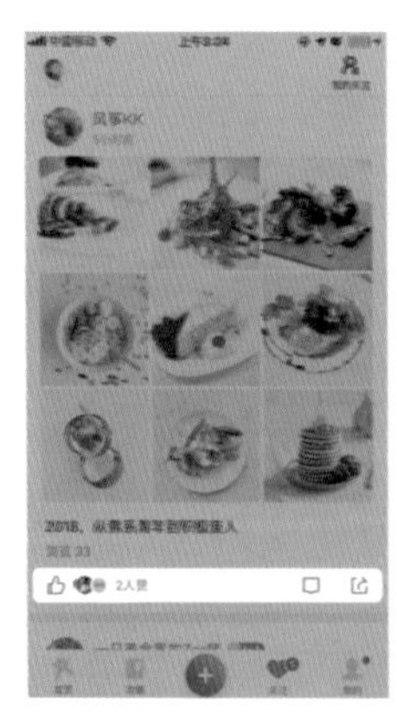

大众点评

大众点评–拇指热区图

微信读书

微信读书–拇指热区图

以上两个案例均是Feed流界面，在卡片中露出的功能有点赞、评论、分享这三个按钮。其中，大众点评中点赞的重要性层级最高，因此将其放在最易触达的绿色区域，单手操作时离手指距离最近；分享和评论则放在了手指伸长和难以触达的橙色和红色区域，单手操作时离手指更远。

微信读书中分享的重要层级最高，因此将其放在最易触达的绿色区域，单手操作更方便。

3. 手移动越快，越容易错误操作

其实不管你手的速度有多快，当距离较远、按钮较小时，手移动到按钮上方就得停下来进行定位然后才能准确进行操作，如果只要求速度，手移动过来直接点击有可能就点中不了按钮，容易进行错误操作。

因此在UI设计中，如果我们想要让用户能够快速操作，可以为用户打破距离和大小带来的限制，结合手势操作来进行设计，如下图所示：

微信-安卓端　　微信-iOS端

以微信为例，在微信列表中为了让用户能够快速操作列表，引入了手势操作（安卓长按、iOS侧滑），当长按或侧滑列表时，就会在当前位置出现操作内容，提高操作效率。

在移动端界面中的应用

在实际交互设计中，合理使用费茨定律可以让我们的界面使用更流畅，错误率更低。下面我们一起来看看费茨定律的四大应用场景。

1. 来电显示场景——不同状态，不同设计方式

iOS的来电提示在锁屏和苏醒状态分别采用滑动接听和点击接听，可以很好地用费茨定律来解释。

锁屏时：用户手机场景不确定，很容易意外点击。在设计时就需要增加操作距离、延长操作时间，防止误操作的情况。采用滑动解锁可以增加操作的距离，放在该场景中使用较为合适。

苏醒时：用户正在使用手机，这时候采用滑动操作距离太长了，因此设计为按钮的样式，用户可快速点击接受或拒绝，进而提高用户操作效率。

锁屏状态-来电

苏醒状态-来电

2. 将返回浮于底部操作栏中——缩短操作距离和时间

随着屏幕越来越大，拇指热区也发生了变化，你会发现左上角的返回按钮单手操作越来越不可能，尤其是Plus、iPhone X的出现使返回按钮显得有点鸡肋。不过在体验资讯类的产品时发现，它们将部分界面的返回按钮放到了界面底部左下角的位置，下面将对这两种情况进行对比，如下图所示：

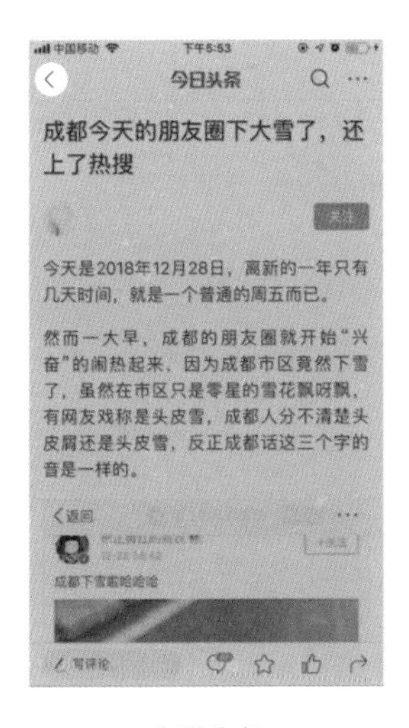

今日头条

虎嗅

以今日头条的详情页为例，返回按钮在常规的左上角。结合拇指热区会发现左上角的区域单手是很难到达的。对于资讯类App需要不断切换看的文章，返回键在左上角无疑加重了操作难度。

以虎嗅为例，它将返回按钮移动到了底部左下角，结合拇指热区会发现左下角的区域单手是可以轻松到达的。将返回按钮放在底部，大大地节约了用户的操作时间。

需要注意的是，尽管通过分析得出返回按钮在左下角时单手更好操作，但是有时候习惯真的是一件可怕的事情。例如我在使用华西医院的微信公众号挂号时，很少能够记住点击底部的前进和后退键，每次想返回上一级，就习惯性地点左上角，结果就直接退出了，如下图所示：

微信公众号–华西第二医院

面对顶部返回键单手不方便点击、底部返回键又老是记不住的情况，怎么样才能帮助用户操作呢？当手机都是全面屏之后，就不需要担心这个问题，你直接采用全面屏手势即可，更方便快捷。

3. 合理利用手势操作——提高用户操作速度

安卓的长按和iOS的侧滑编辑大家都比较熟悉，它们多用在列表页的编辑状态，用户长按或侧滑列表，操作按钮就显示在当前位置，操作效率比较高。

以天猫购物车为例，长按和侧滑唤出按钮的两种功能都支持。其主要原因是考虑到安卓用户在使用苹果手机时，可能不知道侧滑的功能，因此在购物车的编辑中保留两种，让用户能够更快捷地操作。

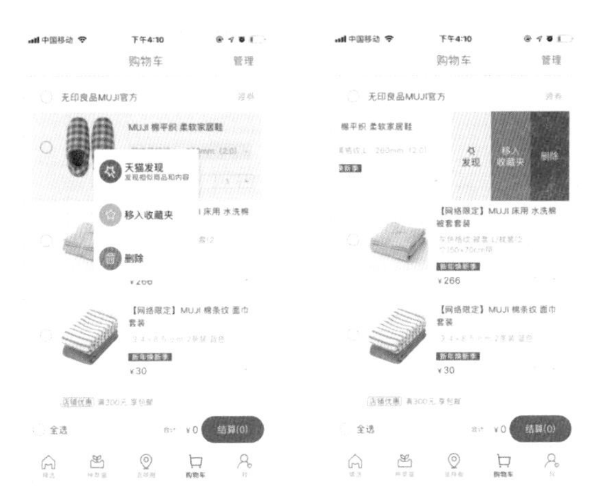

天猫购物车

4. 将操作按钮进行收纳——阻碍用户操作

在设计时如果某个功能不经常使用，或者想阻碍用户操，可以把操作按钮放远一点或将其收纳，加大用户的操作难度，如下图所示：

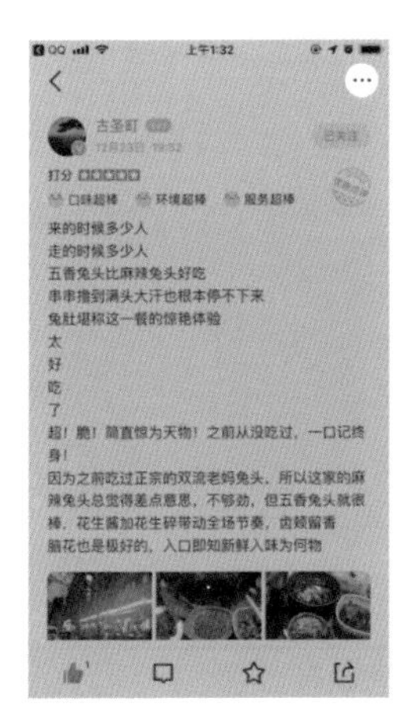

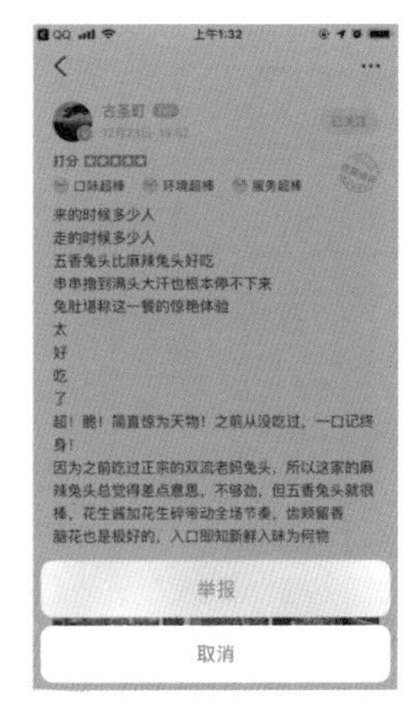

大众点评

以大众点评详情为例，在右上角并没有直接放“举报”按钮，而是放到“更多”按钮之下，一个原因是为了方便后期的拓展，另外一个原因就是增加用户的操作难度。

画重点

本文主要分享了费茨定律在UI界面中的应用，主要有四个要点：

（1）想要更容易点击到目标，就需要将一个页面的主操作按钮放大。

（2）想要让用户快速点击目标，方便操作，可以将目标放于拇指热区中轻松触达的区域。

（3）想要让用户快速移动时，就可以利用手势操作，它可以打破距离和大小的限制，从而让用户可以快速操作。

（4）不想让用户操作的按钮或不常用的按钮，可以将其进行收纳，加大用户操作距离，从而增长用户的操作时间。

参考资料

设计法则：Fitts’Law / 费茨定律（费茨法则） http://t.cn/RAqxBrY

威廉·立德威尔，克里蒂娜·霍顿，吉尔·巴特勒. 通用设计法则[M]. 朱占星，薛江，译. 北京：中央编译出版社，2013

05　五大交互心理学

文 / 姜正

马克·吐温说过："当你手里只有锤子的时候，那么看待什么问题都像钉子。"作为 UI 设计师，如果只是单纯地提高自己的视觉能力，那么看待任何问题都只是视觉问题。如果是这样的话，在工作中很难去说服别人接受自己的设计提案，因为我们无法通过多维度的理论知识来佐证自己设计的合理性，所以作为设计师我们必须要懂心理学。

在日常设计中有比较常用的五大交互心理学理论，分别是7±2效应、席克定律、莱斯托夫效应、本能反应、色彩心理学。心理学知识可以辅助大家为自己的设计建立逻辑严谨的理论依据。

7±2效应

1. 7±2效应的定义

7±2效应最早是在19世纪中叶，由爱尔兰哲学家威廉·汉密尔顿观察到的。直到1956年，美国心理学家米勒（George A. Miller）教授发表了一篇重要的论文《神奇的数字7±2：我们加工信息能力的某些限制》，明确提出短时记忆的容量为7±2，即一般为7并在5~9之间波动。这就是神奇的7±2效应。

如果需要我们记忆的是熟悉的字词或数字，这样短时记忆还只能容纳7个吗？例如c-o-o-p-e-r-a-t-i-o-n，这个字母序列已经有11个字母，如果学过英语的人听到这个序列很快就能明白这是个词，意思是"合作"，并能很好地回忆出来，这不是违背了短时记忆的"7±2效应"了吗？不是的，这恰恰是该效应存在的另一个奇特的现象。

短时记忆中的信息单位"组块"本身具有神奇的弹性，一个字母是一个组块，一个由多个字母组成的字词也是一个组块，甚至可以通过一些方法把小一些的单位联合成为熟悉的、较大的单位，而且对知识的熟悉程度还会对它产生影响。

7 ± 2效应是指人的短期记忆容量在7 ± 2的数量之间浮动，也就是说，用户最多同时处理5 ~ 9个信息；同时我们也可以把一些小的单位联合组成熟悉的、较大的单位方便记忆。

2. 7 ± 2效应的作用

1）降低识别成本

通过将一些小的单位联合组成熟悉的、较大的单位方便用户记忆。最常见的例子就是电话号码的模块组合，通常情况下被割裂成3-4-4的组合方式，减轻用户的记忆难度。例如大众点评的注册页面和电话呼叫弹窗，都遵循了7 ± 2法则。

大众点评

2）优化选项数量

大部分产品导航栏的功能图标在一屏之内都不会超过7个，这正是借鉴了7 ± 2效应。

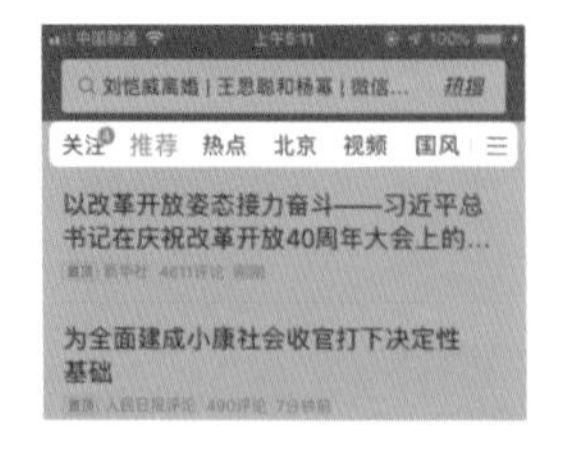

今日头条　　　　美团

3）优化界面布局

在界面布局的优化上同样可以借鉴7±2效应。可以将首屏界面的功能模块切分成5个左右，符合人们短时记忆的容量，通过有效组织功能，节省用户的记忆成本，提高用户的操作效率。

例如，支付宝的首页设计将主要功能分成5个模块，将小单位的功能组合成大单位的功能模块，通过组合优化界面功能的分布。用户可以先寻找大的功能模块，再寻找小的功能模块，虽然增加了交互路径，但是却提高了用户的选择效率和减少了用户的记忆成本。

支付宝

席克定律

1. 席克定律的定义

席克定律，又称“席克-海曼定律”，是1952年由席克和R. 海曼在选择反应时研究中得到。研究表明，人的信息传递时间与刺激的平均信息量之间呈线性关系。简单一点我们可以理解为：人面临越多的选择，所要消耗的时间成本越高。

用数学公式表达为：$RT=a+b\times\log_2(n)$，其中，RT表示反应时间，a表示跟做决定无关的总时间，b表示根据对选项认知的处理时间实证衍生出的常数，n表示同样可能的选项数量。

2. 席克定律的作用

1）提高选择效率

为了提高用户的选择效率，我们需要尽可能将多余的选项删除，只留下能够满足用户需求的选项；否则用户会因为选项过多而犹豫不决，造成时间成本直线上升而导致用户放弃当前操作。

例如我们平时的弹窗设计，只为用户提供“同意”和“不同意”两种类型的选项，这种情况下用户可以根据自己的实际需求瞬间选择，而不需要在多个选项中进行思考，消耗过多的时间和精力。

腾讯漫画

2）提高信息获取效率

如果面对大量杂乱的信息，我们需要花更多的时间精力去做分辨，信息获取效率极低。面对这种情况，同样可以借助席克定律去处理信息，将同类型或相关联的信息进行组织归纳，将较多的信息转变成较少的信息组，面对较少的信息组用户可以快速地浏览其中的信息。

例如一些页面中的简介，将同类或者相关联的信息进行编组处理，将原本较多的信息转变成较少的信息组，减轻了用户原本需要对全部信息进行筛选处理的工作，转变成快速阅读信息组即可。

例如，淘票票的详情页通过对同类型信息的组合，帮助用户实现对信息进行检索再组合认知的过程，减少了用户的成本输出，提高了用户的阅读效率。

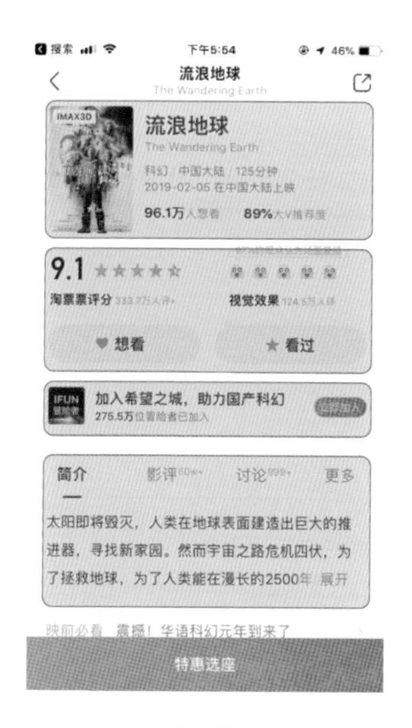

淘票票

3）提高用户体验

当用户在处理应用操作的时候，所消耗的成本越少，心情自然会更加愉悦。

假如在进行一系列复杂操作的时候，如果将所有选项都聚集在一起，面对诸多复杂的选项会给用户造成极大成本消耗，最终给用户造成极差的体验。反之，我们将所有选项拆解、归类，让用户按照一定的步骤在每一个界面尽量做少的选择，这样虽然增加了交互路径，但会营造一种较为舒适的用户体验。

例如same将创建频道的过程分成4步，每一步用户只需要面对少量的选项，将用户的认知时间成本降到了最低，为用户创造了愉快的体验。

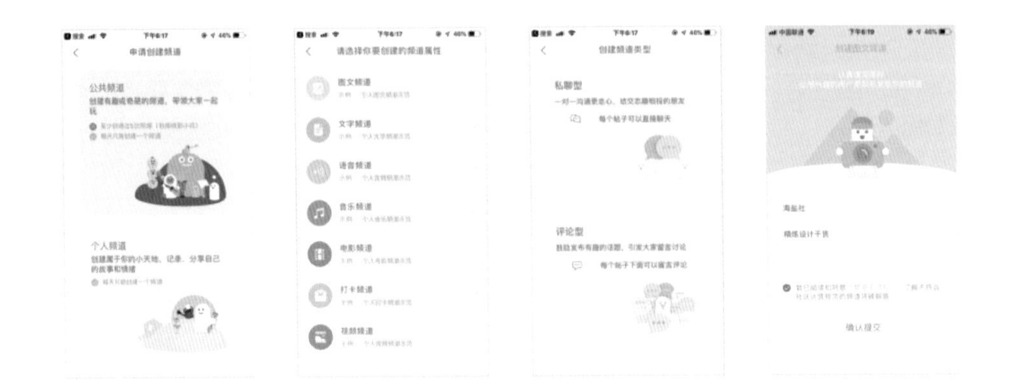

same

莱斯托夫效应

1. 莱斯托夫效应的定义

莱斯托夫效应指的是相对于普通事物，记住独特事物的可能性更大。我们可以简单理解为：特殊事物才易被人牢记。

莱斯托夫效应的主要成因，来自人们会格外注意一些东西里的某个特殊目标，其具有相对性。例如图片中我们第一眼看到的就是红色的圆形，因为相对于当前的环境单个物体具有特殊性才使得我们对红色的圆形印象深刻。

2. 莱斯托夫效应的作用

1）发生莱斯托夫效应的必要条件

莱斯托夫效应发生的必要条件就是目标对象要与当前“背景不同”或“经验不同”，产生相对的比较。接下来我们会以背景不同和经验不同为前提条件，分析一下莱斯托夫效应的作用。

2）背景不同

在当前环境下，某个元素与周围元素具有明显的不同，就发生了与“背景不同”的情况，即通过将周围元素作为背景来突出主体元素。

在界面设计当中，我们通过区别设计样式来突出某个功能。例如在底部导航栏中，我们为了突出其中的核心功能，会将它做加强处理，例如放大图标、填充背景色等，来使其区别于其他功能的图标设计样式，如下图所示：

我们可以明显看到 nice 的“发布”和转转的“卖二手 ”图标区别于其他的图标设计，有利于突出核心功能，吸引用户点击。

3）经验不同

当现在所发生的事情与过去经验有显著不同时，就会发生“经验不同”的情况。通过营造与过去经验不同的场景，触发莱斯托夫效应，加强用户的记忆点或者增强对用户的吸引力。

例如现在每年的电商购物节，界面设计和消费场景会明显区别于日常的电商界面，通过对设计风格和消费场景的定制化设计，加深用户的印象，同时扩大了活动对用户的影响力，如下图所示：

百度钱包

京东

本能反应

1. 本能反应的定义

本能反应实际上是情感设计的一种，指在特定的情境下人们心理上和情感上的反应，而不是单纯的美学设计。

2. 本能反应的误解

人们对于本能设计时常会存在一个误解，认为“漂亮美观”的设计即是本能反应。这种想法是错误的。人们本能地喜爱美好且美观的事物，但这并不能单一地定义本能反应。

更加有趣的是，人们会认为漂亮具有吸引力的界面更加好用，并对这个观念坚持很久，直至付出巨大的成本，积累了足够的经验之后，才会放弃并推翻之前的理论。

3. 本能反应的应用

1）营造美观的界面

喜欢视觉美观的物品是本能反应之一，所以设计中我们要尽可能保持界面的美观。营造出干净漂亮、具有美学设计感的界面更容易受到用户青睐。例如在设计中，我们要选用精美的图片，避免出现低品质图片带来的不适感。因为优质的图片在构图上更加考究、色调更加统一，给人的感觉更加舒适。而低品质的图片在构图和色调上会显得杂乱无章，一眼看上去则是满满的劣质感。

same

2）满足情感设计

本能反应作为情感化设计的一种，需要我们处处为用户着想，在细节上满足用户对于情感设计的需求。例如淘票票中的电影详情页，将电影的预告片提到顶部，用户可以直接查看预告片，从而引起情感共鸣，而不是再去下拉寻找才能观看。

淘票票

色彩心理学

1. 色彩心理学的定义

色彩心理学由视觉开始，从知觉、感情发展到记忆、思想、意志、象征等，其反应与变化是极为复杂的。色彩的应用很重视因果关系，即由对色彩的经验积累而变成对色彩的心理规范，当受到什么刺激后能产生什么反应，都是色彩心理学所要探讨的内容。

2. 色彩心理学的应用

不同的色彩在不同的国家与地区存在着不同的含义，在这里我们不会展开进行详细论述，核心关注的是色彩给用户带来什么样的感受和作用。

1）信息指示

经过社会长期的发展与培养，人们对色彩已经有相对成熟的认知，色彩能够帮助产品来传递信息，例如绿色有“同意”的意思、红色有“反对”的意思、橙黄色有“警告”的意思，最典型的案例就是红绿灯。

在界面设计中我们需要在图形化的基础上结合色彩更好、更准确地传递信息，引导用户。例如，我们通常用红色的按钮表示“反对”或“删除”的意思，而用灰色表达的信息则更加隐晦，如下图所示：

微信

2）建立印象

色彩是能给人建立第一印象的重要因素，例如我们经常听到“这个界面的配色很高级”，或者“这个界面看起来很干净”等，都是色彩为用户建立的第一印象。

在色彩的使用上，我们要学会克制，避免大量使用高饱和度的颜色。首先是因为人眼对于低饱和度色彩的忍耐度更高，其次是因为相对于高饱和度的色彩而言，低饱和度的色彩在色调上更加统一、稳重，具有品质感。例如莫兰迪的画作：

在界面设计当中，我们可以看到优秀的设计在色彩的控制上把握得十分精准，整体页面中避免出现大量高饱和色彩，尽量选用同色系的色彩进行设计，这样能有效保证页面色调统一，给予用户良好的印象。例如 Fancy 的界面中统一使用冷色调，搭配冷灰色，使页面显示得主次分明且能保证页面整体色调的统一。

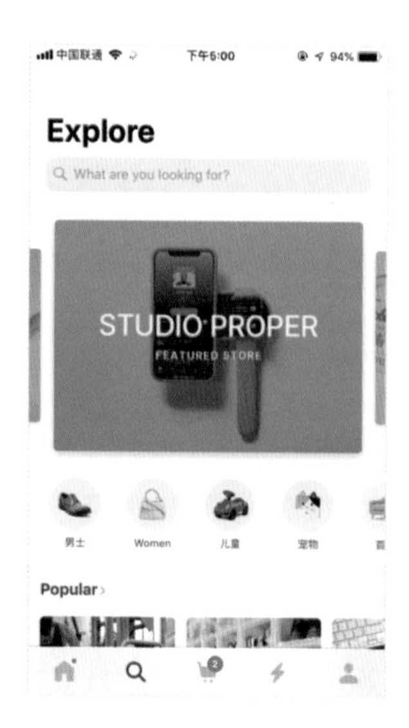

Fancy

画重点

本文着重分享了设计中常用的五大交互心理学，这里再回顾一下它们的核心定义，以便大家记忆和运用：

（1）7±2效应是指人的短期记忆容量在7±2的数量之间浮动，也就是说用户最多同时处理5~9个信息；同时我们也可以把一些小的单位联合组成为熟悉的、较大的单位方便记忆。

（2）席克定律的核心意义是人面临的选择越多，所要消耗的时间成本越高。

（3）莱斯托夫效应指的是相对于普通事物，人们记住独特事物的可能性更大。我们可以简单理解为：特殊事物才易被人牢记。需要注意引发莱斯托夫效应的两个必要条件是“背景不同”和“经验不同”。

（4）本能反应实际上是情感设计的一种，指在特定的情境下人们心理上和情感上的反应，而不是单纯的美学设计。

（5）色彩心理学是一种注重因果关系的心理学说，侧重于观看色彩之后产生的感受，属于情感设计中的一种。

参考资料

常用的几个设计心理学　https://dwz.cn/C0DmajlP

设计心理学：帮助设计师更好地了解用户　https://dwz.cn/VDX6QC79

设计心理学概述　https://dwz.cn/7tBXY0Ci

百度百科：7±2法则　https://dwz.cn/3lqrCFN8

设计法则：7±2法则　https://dwz.cn/ZpdjMlan

莱斯托夫效应　https://dwz.cn/pUlrCZr4

设计心理学之梵雷斯托夫效应　https://dwz.cn/bqBaOvRF

06 尼尔森十大可用性原则

文 / 付铂璎

尼尔森十大可用性原则是十分基础且重要的原则，如何正确将其结合到实际运用中才是关键。接下来我会将每一个原则和现在的移动端产品结合进行分析，希望读者可以更深入地记住它们。

尼尔森是谁

尼尔森（Jakob Nielsen）是一位人机交互学博士，于1995年1月1日发表了“十大可用性原则”。1995年以来，他通过自己的 Alertbox 邮件列表以及useit.com 网站，向成千上万的网页设计师传授网页易用性方面的知识。尽管他的一些观点可能带来争议，但至少在网页设计师眼中，他是网页易用性领域的顶尖领袖。

十大可用性原则解析与案例

1. 状态可见性原则

用户在手机上的任何操作，如上下滑动刷新、点击跳转页面等都应该即时给出反馈。“即时”是指页面响应时间小于用户能忍受的等待时间。

案例一

如下图所示，微信中点赞的样式，手指触碰按钮时，颜色加深，通过改变颜色告知用户目前按钮的状态已被激活。

微信

案例二

如下图所示，网易云音乐中，当我们点击“+关注”时，界面中关注标签的状态会及时更新为“√”展示给用户，通过点击后的形状改变告知用户操作已完成。这种状态可见性可以清晰地让用户感受到页面即时给出的反馈。

网易云音乐

案例三

如下图所示，当我们下拉界面刷新时，界面上方会出现动画加载的效果。这种状态可见性是最明显的，可以清晰地让用户感受到页面即时给出的反馈。

马蜂窝

火球买手

上面是关于状态可见性原则在产品中的常见案例，当然除了这三个还有很多，例如点击列表、界面横滑时等。我们在设计实际界面中，一定要谨记设计出对应的可见状态，避免用户使用时以为操作无效。

2. 环境贴切原则

简单地说就是产品设计符合真实世界中用户的使用习惯和思考逻辑，尽可能贴近用户所在的环境(年龄、学历、文化、时代背景等)，而不要使用生僻的语言，应该使用易懂和约定俗成的表达。

案例一

DaDaBaby和TutorABC同是学英语的产品，由于产品所面向用户的年龄、学历、文化不同，界面的风格也会发生改变，如下图所示：

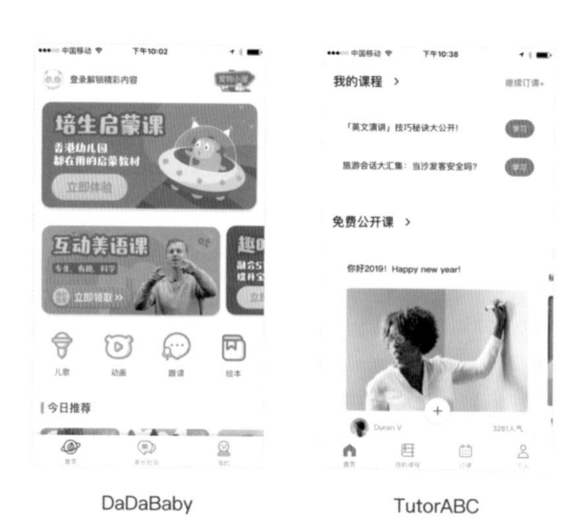

DaDaBaby　　　　TutorABC

DaDaBaby是针对幼儿学英语，所以界面风格活泼可爱，颜色鲜艳；而TutorABC是针对成年人学英语，界面简洁、严肃。这就是产品风格与环境贴切。

案例二

优酷为视频类产品，饿了么为外卖类产品，虽然它们的定位不同，但是在世界杯期间，都替换了界面的皮肤，如下图所示：

优酷　　　　饿了么

例如，优酷底部标签栏的图标和饿了么中间分类入口的图标都有所改变。这就是环境贴切原则的体现。在特殊的时间里，我们也可以通过改变界面的皮肤增加产品与当下环境的贴切性。

上面是关于环境贴切原则的案例。我们在设计界面时，必须知道产品的使用人群、产品的类型，例如商务类产品和娱乐类产品设计出来就会截然不同，这是产品风格的环境贴切。除了产品大方向要贴切，我们也可通过一些特殊的节日改变产品的皮肤，让用户在短时间内加强和产品的共鸣。

3. 撤销重做原则

给用户更多自主操作权，当用户在使用产品过程中产生错误的操作时，应提供更多的解决方案，例如撤销或重做等功能。

案例

微信中我们需要考虑到用户的出错情况，例如在用微信拍照时，有如下功能：

如果效果不够理想就可选择左侧的撤销按钮，在未发送情况下进行重新拍照；另外一种情况就是发送后也可以通过长按当前发送的图片，在出现的功能菜单中选择撤回。

上面是撤回重做原则的案例，我们在做界面时要根据产品的不同阶段，给用户添加该功能，如果是一次性考试类型的产品就不适合加入该功能，需要用户填写时更加小心谨慎。

微信

4. 一致性原则

产品的功能操作、模块样式、页面布局、信息提示、颜色运用应该一致，避免用户突然跳转后感觉在使用另一个产品的错觉，影响用户对产品的整体体验。

案例一

鲨鱼记账中，从产品的logo到闪屏界面再到里面的主页界面、图标、按钮等颜色都用的是统一的黄色作为主色，加深用户对品牌色的记忆，如下图所示：

鲨鱼记账

案例二

产品或者系统内部的交互方式应该一致，这会让用户对产品产生信任感和控制感。例如，下图中的微信会遵循不同系统中的交互方式，iOS系统中删除列表的交互方式是向左滑动，而在Android系统中则是长按需要删除的列表。这就是遵循已有的系统交互方式，保证交互的一致性。

iOS端微信　　Android端微信

7. 灵活高效原则

产品中中级用户的数量远高于初级和高级用户数量。要为大多数用户设计，不要低估，也不可轻视，保持灵活高效。

说明

这个原则就是告诉我们每个产品针对的用户不可能是所有群体，都会有自己的适用人群，我们需要针对主要的用户去设计，而不能仅仅为了一小部分用户进行极端设计，满足大部分用户的使用需求才是最重要的。

8. 易扫原则

互联网用户浏览的动作不是读，不是看，而是扫。易扫意味着突出重点，弱化和剔除无关信息。

案例

很多设计师对于纯文字的界面总是不屑一顾，感觉没有什么难度，也不需要什么设计。那么我在左侧放置了一篇无设计的只是文字排列的一个界面，右侧则是网易新闻的设计界面，如下图所示：

网易新闻

可以明显看出，左侧的界面找不到重点内容和标题，没有主次。而右侧的界面通过文字变化、段与段的间距等设计手段让用户在读文时可以很容易地扫视通篇的主要内容。

9. 容错原则

帮助用户从错误中恢复，将损失降到最低。如果无法自动挽回，则提供详尽的说明文字和指导方向，而非代码如404等。

案例

为了避免造成用户的损失，我们需要在重要操作中给出合理的文字说明和指导，如下图所示：

有道云笔记

备忘录

例如有道云笔记中告诉用户“文件删除后将无法恢复”，就给用户一次思考的时间，避免一时误删，造成损失。iPhone自带的备忘录给用户的容错空间更大，删除后可以在30天内找回。另外，对于容错程度的大小还是取决于产品用户群的需要，并不是越大越好。

10. 人性化帮助原则

帮助性提示最好的方式是：①无需提示；②一次性提示；③常驻提示；④帮助文档。

案例

对于初次使用产品的用户来说，可能不知道表单里面需要填写什么，如果没有帮助性文档的提示，很容易出现错误。因此我们可以增加一些填写前的文档帮助，例如每日优鲜，如下图所示：

每日优鲜　　　　悦动

在刚下载一款产品时，最好提供帮助界面，让用户在最短的时间内了解产品的主要功能及用法，如悦动的截图。

如果在使用产品时存在一些使用户困惑的敏感信息时，我们需要对其进行提醒说明，甚至要做出教学类的界面进行辅助。

画重点

原则1：状态可见性原则，用户在手机上的任何操作，如上下滑动刷新、点击跳转页面等都应该即时给出反馈。“即时”是指页面响应时间小于用户能忍受的等待时间。

原则2：环境贴切原则，简单地说就是产品设计符合真实世界中用户的使用习惯和思考逻辑，尽可能贴近用户所在的环境(年龄、学历、文化、时代背景)，而不要使用生僻的语言，应该使用易懂和约定俗成的表达。

原则3：撤销重做原则，给用户更多自主操作权，当用户在使用产品过程中产生错误的操作时，应提供更多的解决方案，例如撤销或重做等功能。

原则4：一致性原则，产品的功能操作、模块样式、页面布局、信息提示、颜色运用应该一致，避免用户突然跳转后感觉在使用另一个产品的错觉，影响用户对产品的整体体验。

原则5：放错原则，比出现错误信息才提示更好的，是通过更用心的设计来防止这类问题发生。在用户选择动作发生之前，就要防止用户混淆或者错误选择。对产品进行不同的操作、重组或特别安排，防止用户出错。

原则6：易取原则，尽量减少用户对操作目标的记忆负荷，动作和选项都应该是可见的。用户不必记住一个页面到另一个页面的信息，系统的使用说明应该是可见的或者是容易获取的。

原则7：灵活高效原则，中级用户的数量远高于初级和高级用户数量。为大多数用户设计，不要低估，也不可轻视，保持灵活高效。

原则8：易扫原则，互联网用户浏览的动作不是读，不是看，而是扫。易扫意味着突出重点，弱化和剔除无关信息。

原则9：容错原则，帮助用户从错误中恢复，将损失降到最低。如果无法自动挽回，则提供详尽的说明文字和指导方向，而非代码如404等。

原则10：人性化帮助原则，帮助性提示最好的方式是：①无需提示；②一次性提示；③常驻提示；④帮助文档。

十大原则很容易记住，但我们的目的绝对不是简单地记住它，在实际设计中有效运用才是关键。无论是产品、交互还是设计，如果拿捏不准都可以回想一下这十个原则，也许会有很大的帮助。

参考资料

拿不定设计？让经典的尼尔森十大可用性原则帮你！　http://t.cn/Efio7tQ

用超多案例，带你全面看懂尼尔森十大可用性原则！　http://t.cn/RrIrQUB

以简书为案例讲述「尼尔森十大可用性原则」　http://t.cn/Rhdac07

07 拟人形法则

文 / 吴萌

拟人形法则指的是把事物人格化，赋予事物和人一样的特性，和人一样有感情、有声音、有动作。拟人能更加生动地表达出事物的特点，让人感同身受。而现在拟人在设计上的运用也日益广泛，把抽象的、用户不熟悉的元素拟人化，能让用户第一眼就知道你这个产品是什么，引起他们的关注，从而建立对产品的情感共鸣。

模拟人的形态

最基础的拟人化就是模拟人的外在形态——高矮胖瘦等，把自己的产品和人的外在形态建立联系。在产品界面中，我们经常会用拟人化的卡通形象来烘托页面的氛围，胖胖圆圆的圆润造型可以营造轻松、活泼的联想。

京东

荷包

模拟人的动作

肢体语言往往比外在形态更生动，而且通用性更强。如下图哔哩哔哩的登录页，当用户输入密码的时候，页面上方两个卡通人物会用手捂住自己的眼。

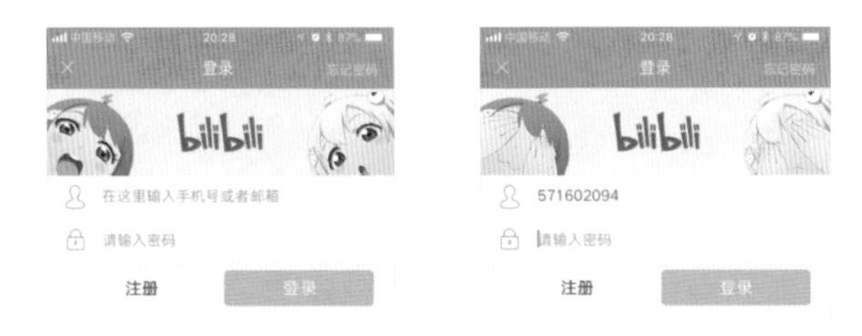

哔哩哔哩

其实这来源于生活中的场景，当你在银行取款输入密码的时候自己会用手挡住，别人也会自觉回避。界面中运用到这一点，用户看到也会觉得很熟悉，会心一笑，对产品的好感度瞬间倍增。

模拟人的声音

人的声音和动作一样，都能在短时间内引起用户的共鸣。在产品中植入一段有特点的音频，也是一个不错的选择。这在游戏类 App 里面最常见，在小孩子玩的益智类游戏中也会经常出现。例如开心消消乐，错误的时候配合着抖动会发出“啊哦”的声音，有一种惋惜的意思，鼓励用户再接再厉。

加入音频后会让反馈信息更加明确，因为音频本身就带有情感，正确、错误、开心与否都能通过声音体现出来。

开心消消乐

模拟人的行为

人是一个很奇怪的物种，大多数人都认为自己做一个决定的时候，是完全出于内心的选择，绝对不会受他人影响。但其实人作为一个社会性物种，一言一行都会受到周围环境以及习惯的影响。

1. 行为会受环境的影响

1）从众

社会心理学里讲过一个现象：从众心理，指的是个人的行为会受到外界人群行为的影响，从而在自己的知觉、判断、认识上表现出符合公众舆论或与大多数人相似的行为方式。从众心理是部分个体普遍所有的心理现象。

其实在很多产品的设计上，都有在利用用户的从众心理。例如把产品的销量、评价数外漏展示得特别明显，仿佛在告诉用户我这个东西很受欢迎，很多人都买了，好评也很高，那么自然而然用户就会对这个产品多看一眼，而且最后很有可能也会购买。回想自己在淘宝购物的时候，是不是总会选择销量最高、好评最多的商品呢？这其实就是一种从众心理——大家都买的应该差不到哪里去。

淘宝

2）攀比

攀比也会激励人去做一件事情。各种 App 里都会有排行榜，也是利用用户的这一心理。当看到自己的偶像排名较低时，用户会想通过各种打榜活动去让自己的偶像排名上升。

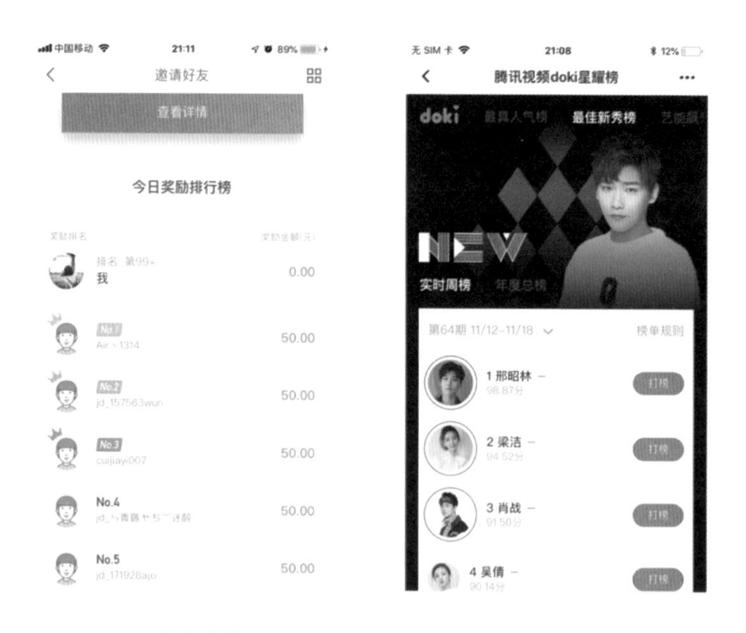

京东金融　　　　腾讯视频

3）奖励

奖励算是影响人行为的最快的一种方式了，新手注册、邀请好友、每日签到等各种奖励方式，都在激励用户。奖励方式按照目的可划分为拉新和留存，不同的目的所采取的奖励方式也不一样。当用户不熟悉你的产品的时候，通用奖励是一种很好的方式。通用奖励指的是你所奖励的东西不仅仅局限在你的平台使用，而最常见、最能被用户接受的就是现金了，这也是拉新最常用的一种方式。

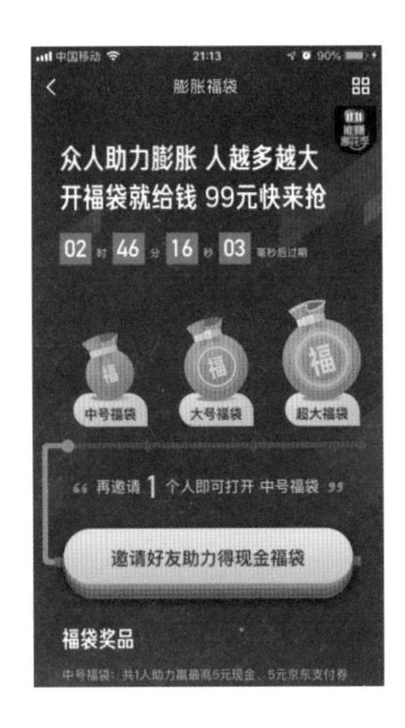

京东金融

2. 行为会受习惯的影响

俗话说三天能养成一个习惯，而且习惯养成后很难改变，每个人都会有自己的一点小癖好。一个吃素的人，你再怎么跟他宣传肉食多么好吃也是徒劳无功，而一个天天吃肉的人让他改吃素，别人也轻易接受不了。

虽说每个人的习惯各有不同，但其中还是有些共性的，例如按钮、卡片、头像给人的感觉就是可点击的。

淘票票

App Store

所以在做设计的时候，我们可以去找找自己的目标人群有没有一些共有的行为习惯，针对这个共有的习惯去做一些针对性的设计。

拟人形法则并不仅仅只是模拟人的外在形态、动作、语言等，更深层次的是模拟人的情感。人的形态、动作、语言能够影响外界对他的认知，例如看到全身都是妖魔鬼怪纹身的人会不由自主地害怕、经常笑的人会给人面善的感觉、同一句话用不同的语气表达意思可以截然相反……

这些认知都是我们主观上所认为的，拟人形模拟的其实是一种内在情感，一种人们对外界的主观认知，是人对现实世界的看法，而拟人的“人”只是起到一个媒介作用。

模拟人的情感

我们这个时代的人在精神的诉求上比祖辈高太多了，这就要求设计师除了满足功能需求，也要去关注人们的情感需求。人性化的设计已经成为这个时代的主流，想用户所想，为他们提供他们想要的服务，或者说让我们想推的服务被他们所喜欢。

把人们对现实世界的看法嫁接到产品设计上，投其所好，就能让自己的产品更容易被大众所接受。这里说的 “好” 指的是认知习惯，是每个人对这个世界存在的一些看法，有客观存在的，也有主观的，而且这个看法也会随着时间的变化而变化。

1. 约定俗成

有一些认知习惯，是人们在社会中自然而然形成的。如红橙色系的颜色能够给人带来食欲，因为生活中的食物大多都是这个色系的，人们就形成了固有的认知。

当我们在实际工作中运用拟人形法则的时候，要千万注意这一点，不要盲目去做跟用户认知相悖的设计。例如下图正确错误的标识，在用户的认知层面里，正确是绿色的，错误是红色的，所以在做设计时就不能把它反过来了。

而把用户固有的认知习惯和产品相结合的一个最常用、最快捷的方式就是使用动物形象，自然界中绝大多数动物在用户的心里都有固有的印象，加上动物大多和我们人一样，有手有脚，也更好延展。

例如印象笔记的大象，印象笔记作为一款多功能笔记类应用，对用户来说最重要的就是存储功能，所有记录的内容都不会丢失。而正好大象属于记忆力绝佳的动物，与产品想要传达的理念完美契合。

再例如美团外卖的袋鼠，袋鼠在哺乳动物里是跑得最快的，而美团想向用户传递 “美团外卖，送啥都快” 的品牌理念，那么袋鼠就很符合这一理念。

2. 现实世界

当约定俗成的习惯无法与自己的产品结合得较好的时候，我们也可以从现实世界中找灵感，模拟现实世界的场景，让用户对界面有一种天然的熟悉感。

1）引导性界面

模拟现实世界中超市、图书馆、机场等地的指示牌。在现实世界我们到达一个陌生的地方首先会去看的就是指示信息，每一层有什么，要去的地方在哪里。

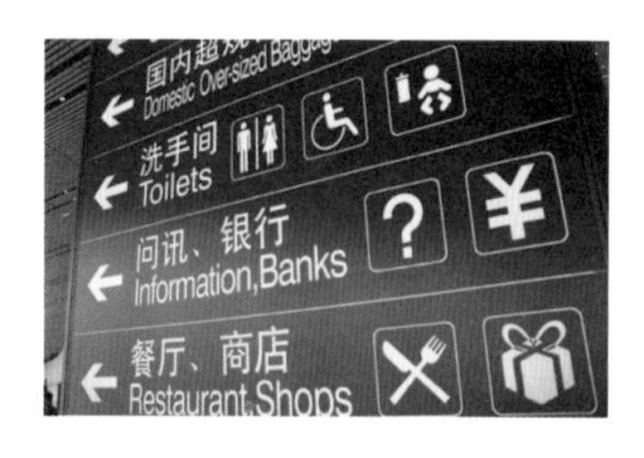

而在界面中也是一样，用户第一次进入，对于页面功能的放置不是很清楚，这就需要一些提示信息，特别是你的交互比较特殊，用户还没养成习惯时。

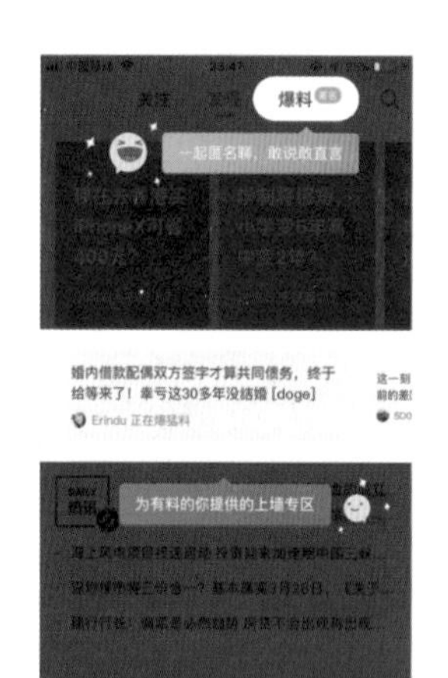

京东金融

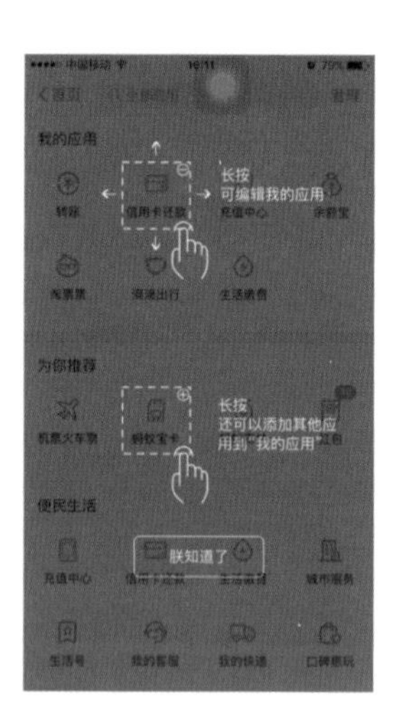

支付宝

2）界面与用户互动，即时给予反馈

在现实世界里，我们和别人交谈的时候都希望是一问一答式的，更好的是我问一句别人能把我想知道的都告诉我。而在 App 中，我们也需要营造这样一种氛围，在用户进行一个操作的时候，即时给予反馈。例如支付订单的时候，即时告诉他支付的结果是成功或者失败。

网易云课堂

在他做下一步操作的时候，提前设想他可能要做的事情。例如客服中心页面，会把一些用户常问的问题罗列出来。当然不是所有的互动都要是一本正经的，适当的时候来点不一样的回馈会有意外惊喜。

携程　　　　支付宝

3）空白页插画、走心文案

人是群居物种，内心都害怕孤独，渴望有人关爱。所以我们可以为产品里那些平淡无奇的地方配上一点人文关怀，例如走心的文案、可爱的插画，减轻用户的烦躁，让用户能够感受到亲切。而这些细节能够成为产品与用户之间情感传递的桥梁，不仅能够增加用户对产品的好感度，还可以让产品更加深入人心。

抖音

画重点

运用拟人形的方法能够快速引起用户的注意，建立积极、正面的互动。拟人形不仅仅指的是模拟人的外形、动作、语言，还可以模拟人的情感，人对现实世界的感受。在遇到产品交互难题的时候，可以从生活中找例子，然后把它合理嫁接到产品设计上。

08　黄金比例

文 / 姜正

哲学分两大派系：街头哲学和经院哲学。如果没有经院哲学，街头哲学将变得语无伦次；如果没有街头哲学，经院哲学将变得无关紧要。设计理论和实际设计的关系也是如此，新手设计师总是对设计理论推崇有加，认为优秀的设计一定是和设计理论百分百相契合的，但现实和理想总是存在一定差距。就像黄金比例一样，虽然黄金比例是人们公认的最佳比例数值，但是在实际应用中则显得十分鸡肋。例如，我们平时房屋的门把手一般都会位于居中偏下的位置，符合正常身高的人容易触碰的位置，假设按照黄金比例计算的位置去放置，就会出现过高或过低的问题，无法满足用户的实际需求。

黄金比例的定义及常见用法

1. 黄金比例的定义

我们可以将黄金比例理解为人类视觉最舒适的比例分割，公式为a/b≈0.618。

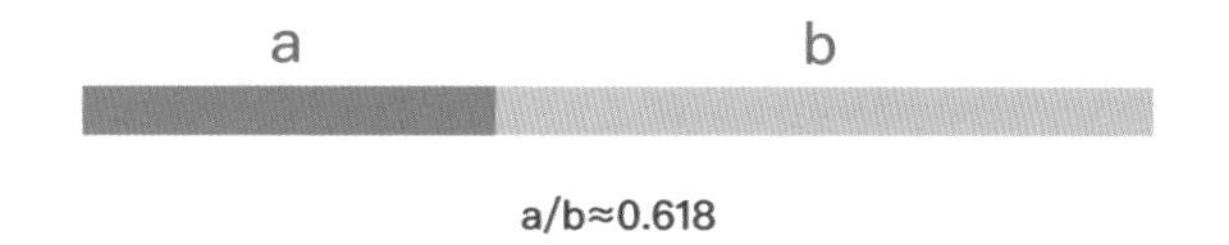

a/b≈0.618

2. 常见用法

黄金比例在平面的视觉设计中被广泛应用，例如我们常看到的海报设计。平面设计师往往需要借鉴黄金比例来确定海报的版式骨架，以及各元素的摆放位置和最佳视觉消失点。

图片来源于 Ads of the World

黄金比例不是万能的

黄金比例的比例数据是否能与我们实际的设计百分百相契合？我们通过实际线上产品的界面设计为例进行比对分析，例如金刚区的图标设计以及页面在整体布局设计中的比例关系。

1. 图标设计

在金刚区的图标设计上，大家都或多或少听过这个方法：用外轮廓面积乘以 0.618 ，得出内部图标图形的黄金比例面积大小。

这种方法论与实际设计真的百分百相契合吗？我们通过已经画好的比例参考线对京东和亚马逊的金刚区的图标设计进行比例比对：

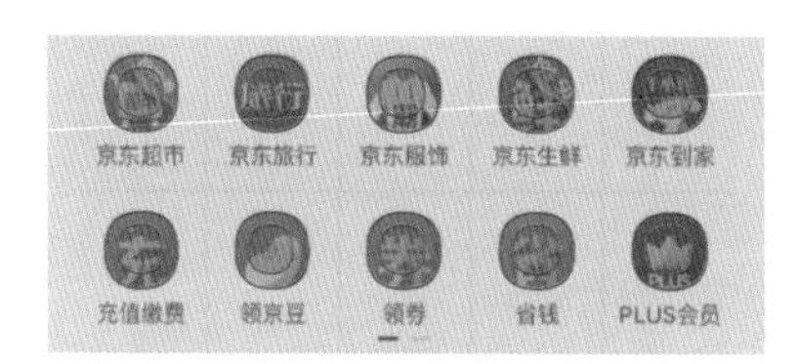

京东

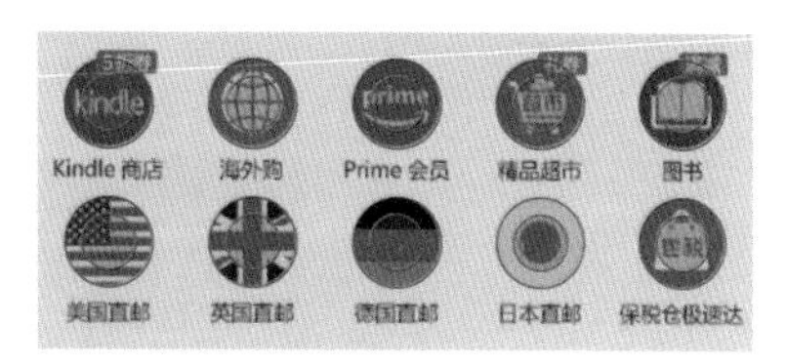

亚马逊

京东和亚马逊的金刚区图标设计统一在2倍率下进行比例比对，参照提前计算好的比例圆环关系图，可以明显看出内部的图形大小并不符合预期中黄金比例关系，内部的图形明显超出或者小于黄金比例的范围值，甚至在亚马逊的金刚区中底部的图标根本没有按照黄金比例关系进行设计，所以黄金比例的方法论并不能百分百适用于金刚区的图标设计。

2. 界面版式设计

在实际的产品界面版式设计中，借助黄金比例对界面进行分割并不是很合适。或许大家在设计概念稿的时候会借助黄金比例对界面的版式布局进行分割，但是一旦落实到实际的业务中，它们的关系并不是对等的。

概念分割

实际落地

我们以实际落地项目作为参考依据，统一在2倍率下与已计算好的黄金比例分割线进行对比。这里我们以支付宝的首页为例，在不同功能数量的情况下，界面的版式布局都没有遵循黄金比例的分割线进行排布。

支付宝

再以今日头条、网易新闻、新浪新闻等 App 为例，我们发现在这种 Feed 流的使用场景下，Feed流的目的是不断给用户提供内容，在设计形式上会以平铺内容模块为主，所以黄金比例在 Feed流的设计当中不具备实际参考意义。

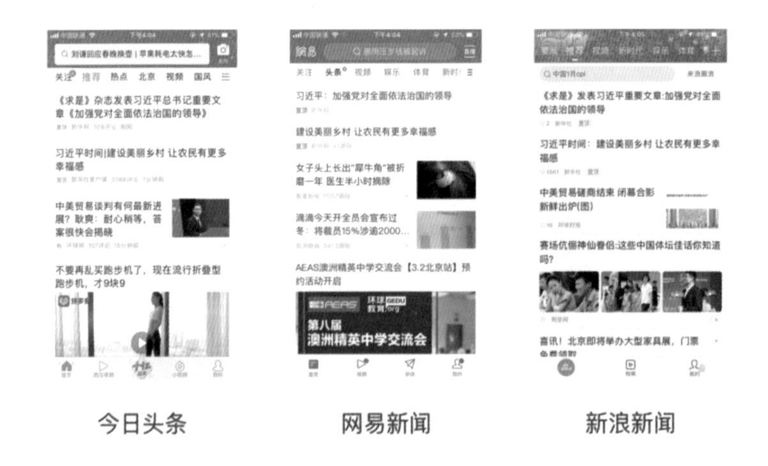

今日头条　　网易新闻　　新浪新闻

为什么黄金比例会如此鸡肋

在金刚区图标和页面版式布局的例子中黄金比例并不适用，甚至显得很鸡肋。出现这种状况的很大一部分原因是我们忽略了实际线上产品的“业务属性”和界面设计自身的“动态属性”。

1. 业务属性

在产品设计中我们首先要考虑的就是它的业务属性，即我们的设计是否能够满足用户对业务的需求！其次是考虑设计中的目的性，例如我们当前的业务目标是提升某核心模块的点击率，这个时候设计的工作是更好地引导用户去点击选择该模块。通常我们会通过多种方式去提高该模块的视觉识别性。

回到实际线上的例子当中，这里以京东的金刚区图标设计为例。金刚区的首要目标是为其他业务进行导流，所以为了提高视觉识别性会将图标做得尽量大一些，而不是简单地遵循黄金比例的设计方法论。

京东

再如亚马逊的金刚区设计，其中有一半的业务是海外直邮，具有很强的目的性，所以首要的任务是突出它的视觉识别性。亚马逊这里直接使用各国的国旗进行图形的遮罩处理，简单直白，用户能够快速识别，节省了认知成本。假设使用黄金比例进行换算设计，缩小关键的图形设计则大大影响图标的视觉识别性，进而影响业务的点击率。

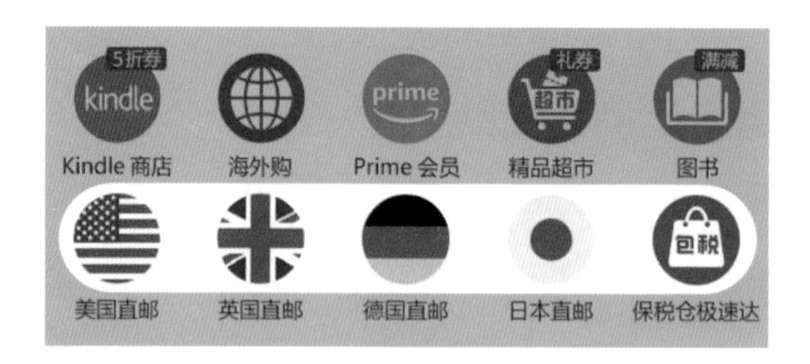

亚马逊

2. 页面的动态属性

页面并非一成不变，更多的是随着功能增减发生动态的变化。例如一些产品会为用户提供更多选择的权限，用户可以根据自身的需求将自己常用的功能设置在首页，随着功能的增减整个功能模块的高度也会发生动态的变化。

在支付宝的首页功能模块中，用户可以根据自身的实际需求进行编辑，通过编辑功能图标我们可以看到该模块的高度尺寸是根据用户需求进行动态变化的，并非是一个固定值，所以在这里黄金比例的借鉴也无从谈起。

业务较少　　业务设置　　业务较多

3. 交互的动态属性

页面也并非是静止的，它需要和用户进行实时的交互，所以界面中的各个元素是不断变化的。例如Feed流的设计，它需要不断地为用户展示新的内容，具有很强的交互性，需要用户不断地去滑动屏幕下拉刷新，这个时候黄金比例并不能为整个界面设计提供很好的版式设计参考。

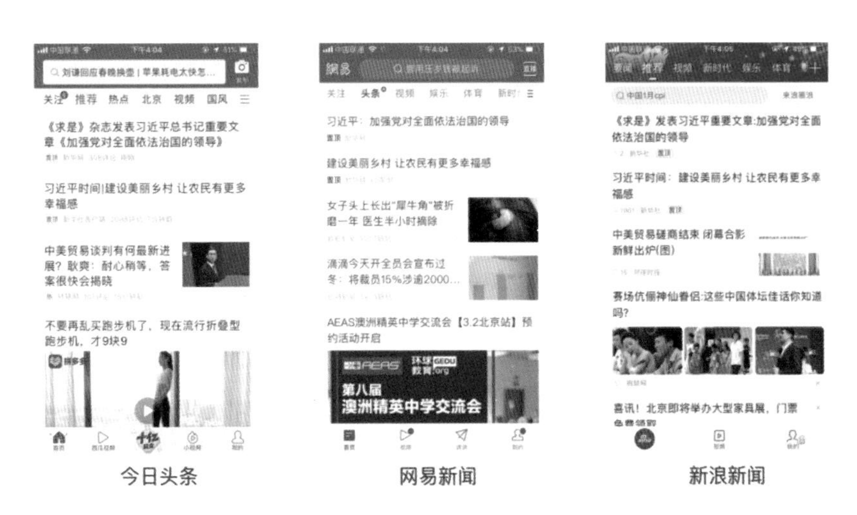

今日头条　　　　网易新闻　　　　新浪新闻

在我们常用的资讯类型的App中，大多数都采用了Feed流的设计，用户在浏览的时候需要不断地下拉刷新内容，处于一个实时交互的动态场景，黄金比例的版式布局自然也没有什么参考价值。

4. 界面的适配

在界面的适配中，界面的元素是动态的。在适配中我们需要注意两个主要的问题：倍率和手机分辨率。首先是倍率的问题，在不同倍率下界面适配内容的高度尺寸会发生变化，导致界面中所显示的内容也有所不同。例如支付宝首页在 iPhone 6 和 iPhone 6 Plus 上显示时，分别是2倍率和3倍率，通过图例我们可以看出，在3倍率下的内容会比2倍率下的内容更多。

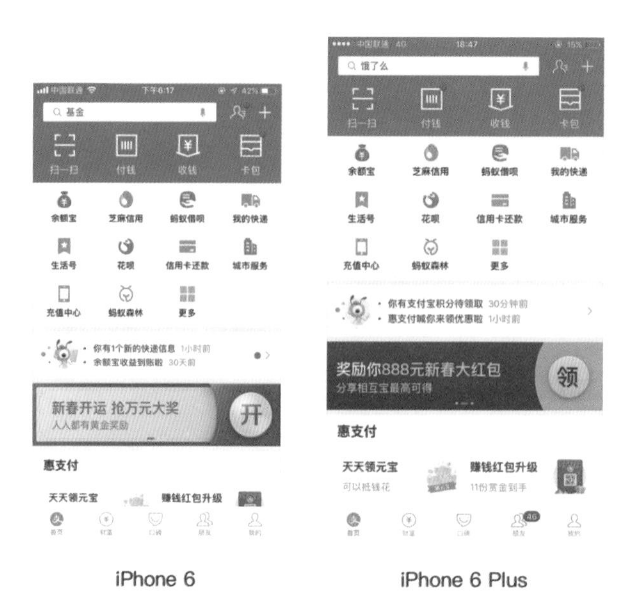

iPhone 6　　　　iPhone 6 Plus

手机的分辨率也是影响界面适配的重要因素，在同倍率下，手机分辨高的界面比手机分辨低的界面显示的内容更多。例如支付宝首页在同等3倍率下， iPhone Xs 所显示的内容明显要比 iPhone 6 Plus 多出一个模块。

iPhone 6　　　　iPhone Xs

由于适配的动态变化，同一个界面在不同的显示倍率和手机分辨率下，显示的内容也会根据实际的适配情况发生改变，面对动态变化的适配设计，黄金比例显得十分鸡肋。

画重点

（1）优秀的设计可能并不能与设计理论百分百相契合，因为在理论知识面前，更加重要的是对实际业务和最终实际落地的分析。

（2）黄金比例在实际设计中显得鸡肋的原因主要有两点：首先是忽略了产品实际的业务目标，产品始终会以业务为主；其次是忽略了界面自身的动态属性，其中导致动态属性变化的因素有：功能的自定义变化、页面的交互动效、界面适配情况。

第4章

/

工作困惑

01 为什么你的 App 不耐看

文 / 吴萌

在工作中经常会有这样的场景，满怀欣喜地做完一个界面，怎么都觉得不耐看，但又不知道怎么去修改。例如下面这两个界面，整体没什么问题，满足了产品的功能需求，但从视觉上来看不够精致，图标、配色、投影都存在问题。

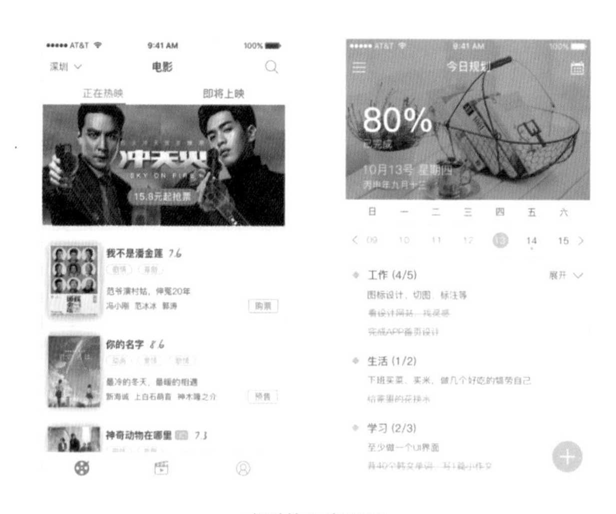

当时的几个页面

光说哪里有问题还不够，我们需要给出修改意见，而且这些意见要可量化、可执行，让对方看完就知道怎么去修改。而关于这些我也整理出了自己的一些心得感悟，大致分为图标、颜色、角度、分割方式、数字字体、间距、投影、增加修饰元素、还原线上真实场景等几个方面，下面就从这些方面来具体说明怎么让界面更有细节，更耐看。

图标

图标作为一个界面必不可少的元素，直接影响着界面给人的第一感觉。一个“好的” 图标就需要保持粗细、大小、圆角度、风格、修饰元素一致。

1. 粗细、大小

同一模块图标的大小、粗细需保持一致，例如底部标签栏。芒果TV底部的五个图标都是3px，土豆视频的五个图标都是2px，粗细一样，大小在视觉上统一。

芒果TV　描边3px　　　　土豆视频　描边2px

2. 圆角度

同一模块图标的圆角度也需要一样，例如支付宝的四个图标圆角度都为8px，图标圆角度一样会让图标更加统一。

3. 风格

现在图标风格多种多样，有走简洁的、艳丽的、双色的、渐变的、断线风格的、2.5D的……不管选择哪种风格，我们需要做的就是保持整个 App 内的图标是同样的风格。

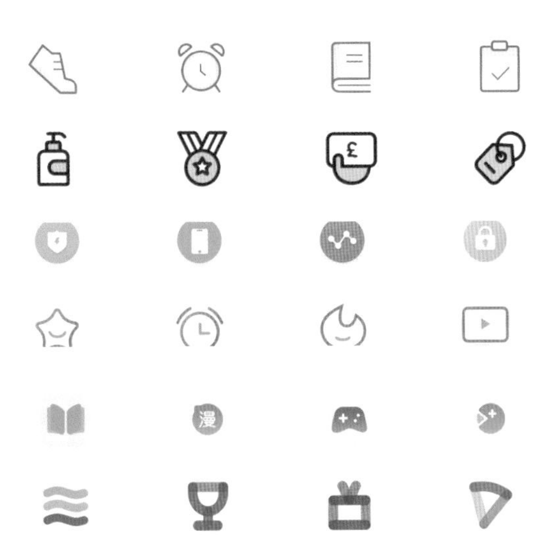

例如荷包的底部图标采用偏卡通、夸张的风格，App 内部的图标也和底部标签保持一致；闲鱼采用的是黑色和黄色的双色图标，App 内部图标也用的是黄黑的双色图标，这样界面整体就很统一，经得起推敲。

荷包　　闲鱼

4. 修饰元素

修饰图标的一些小元素要保持一致，不能这个图标有修饰元素，那个图标没有，也不能用不一样的修饰元素。例如爱奇艺的底部图标内部，都带有相同样式的修饰元素，这样的图标看起来就像是精心设计的，而不是纯素材堆砌。

这里面需要特别注意一点，切忌不经过思考，纯套用素材。

直接用现成的素材图标，粗细很难保持一致，界面风格也会不统一。那不能直接用网上的素材，自己又不知道怎么画的时候，应该怎么办呢?这个时候我们可以先定好一种参考风格，借鉴素材的“形”，然后改成自己要的那种风格，其他界面的图标也都按照这个标准做。最后把所有图标放在一起，对样式和大小进行微调，使各个图标达到视觉上的统一。

颜色要有规律可循

颜色要有规律可循指的就是要定义辅助色，且辅助色不要太多。这样重复出现多种颜色的时候，也不会让人觉得花哨。

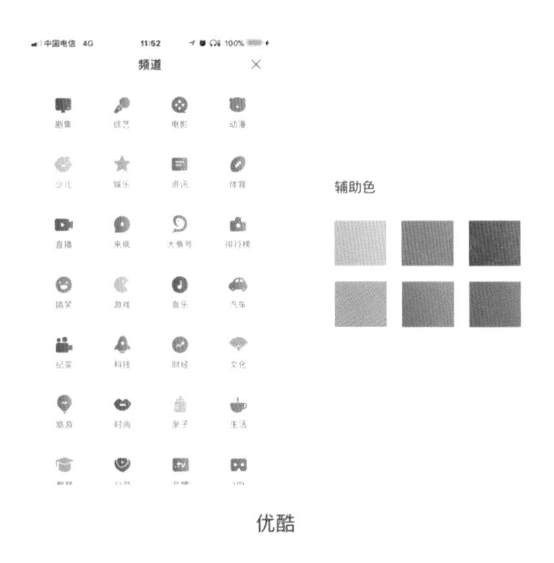

优酷

当不同页面出现时，颜色也更加统一。

喜马拉雅FM

角度统一

角度统一包含渐变以及投影的角度，在一个 App 内，使用的渐变以及投影的角度需要是一样的。

1. 渐变

在扁平设计流行的时代，越来越多的人喜欢用渐变来增加页面质感，但使用渐变的时候需要注意，角度要一样，如下图淘宝所示：

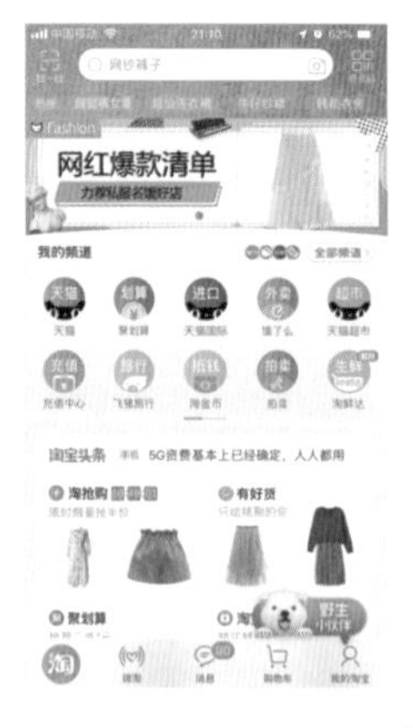

淘宝

首页头部用的是从左到右零度的线性渐变，购物车页面的头部以及结算按钮也是用的线性渐变。

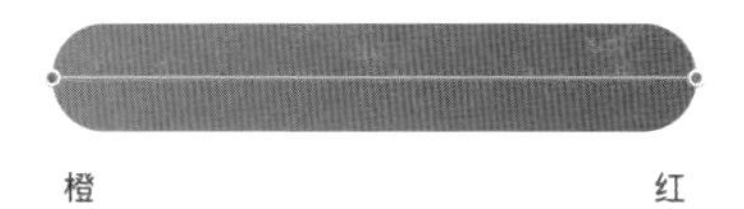

除了淘宝这种各个页面都用的相同颜色的渐变，还有如下图京东金融的不同颜色的渐变。

京东金融

这个时候的角度相同，指的就是颜色的饱和度、明度，即都是一个角度的从高到低或者从低到高。

渐变的角度是大家很容易忽略的问题，做的时候如果随心所欲，光顾着单个地方的颜色好看，就会忽略了整体，对于用户来说，他们看到的整个页面，是所有元素搭配起来的整体视觉感受。

2. 投影

和渐变一样，不同地方的同一个层级的元素，投影参数需要一致，例如下图壹钱包的卡片的投影，理财页面和购物页面的卡片投影是一样的。

壹钱包

原则上来说，一个 App 内所有页面用到的投影都必须是一样的，但是难免有一些特殊情况，如元素大小相差较大时，投影参数一样的话会造成视觉上的不一样。

大元素　　小元素

当遇到这种情况时，我们就要学会变通，例如把小元素的投影参数调小一点，让它在视觉上和大元素保持一致。就和之前说到的图形的圆角度一样，小元素的圆角度要小于大元素的。

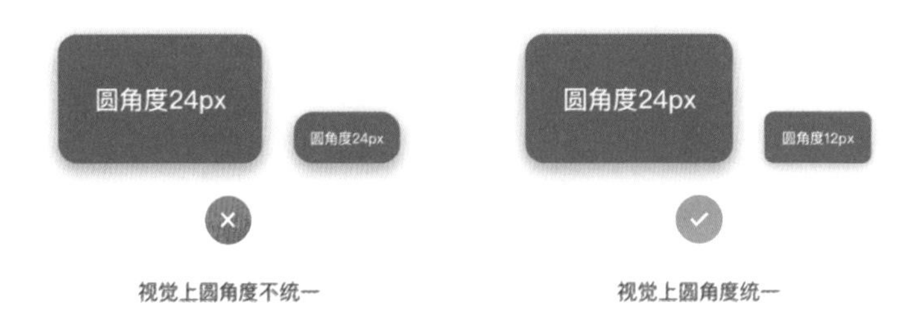

视觉上圆角度不统一　　视觉上圆角度统一

分割方式

界面分割的作用是区分内容信息, 而为了在区分内容的同时保持整体性, 给用户一个良好的视觉体验, 我们需要制定统一的分割样式（是用线、面、还是留白）以及它们使用的场景。

1. 线分割

线分割有两种样式，一种是通栏的分割线，还有一种是不通栏左右留间距的。需要注意的是，分割线的色值不能过大，不然会导致页面的割裂感过强。

腾讯视频　　淘票票

2. 面分割

面分割中色值同样不要过大，建议面分割时的高度为16px或20px（2倍率图下）。

火球买手　　蘑菇街

3. 留白分割

用留白来区分模块的时候需要注意留白的大小，以及模块的层级关系。

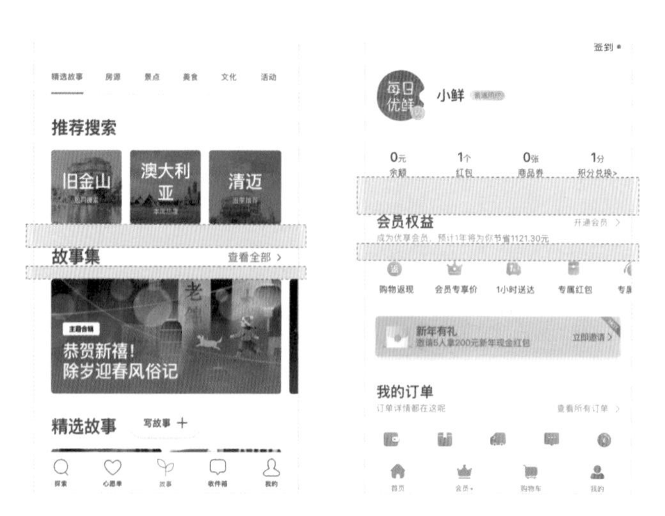

两个模块之间的间距（图中橙色区域）要比模块内部之间（图中紫色区域）的距离大（具体可查询格式塔原理）。

4. 使用场景

在做界面时，定义好分割方式之后，还需要定义它们所使用的场景。以腾讯视频为例，首页大模块与大模块之间采用的是线分割，那么其他页面相同模块也需要用线分割。

腾讯视频-VIP　　　　腾讯视频-doki

除了上述所说的模块与模块之间的分割方式，还需要定义模块内部元素之间的分割方式。最常出现的就是列表页，如土豆视频中“我的”页面列表用的是留白。

土豆视频-我的

收藏、缓存页面用的也是留白，与之对应。

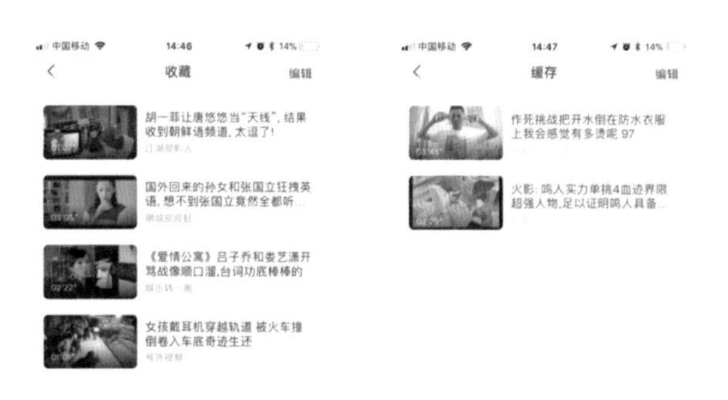

土豆视频-收藏　　　　土豆视频-缓存

数字字体

界面字体普遍用的都是默认字体，但其实我们在一些使用数字的地方，可以自定义一个字体，这点在金融类产品里尤为明显。

京东金融　　　　熊猫金库

这种类型的 App 里面很多都跟数字相关，自带的字体没办法很好地展现产品的特点，也不好和别家产品区分。如下图所示，10.0% 和 9.0% 是定制的字体，7.5%是默认的字体，很明显默认的字体缺乏自己的特点，而定制的字体带有圆嘟嘟的特性，也和界面整体风格较匹配。

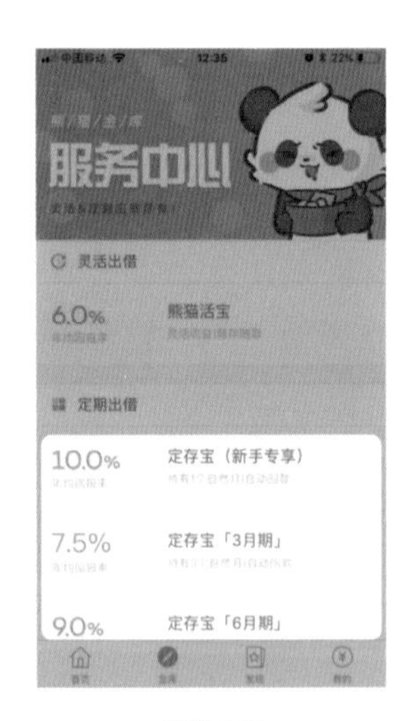

熊猫金库

除了金融类的产品，其他类型的产品也可以定制数字字体，例如价格、登录注册时的数字、验证码等，特别是验证码发送后的倒计时，默认的字体过于纤细，压不住界面。这时候我们可以通过定制一个字体，使它与其他元素区分开，更突出、更明显，从而提升界面的视觉品质。

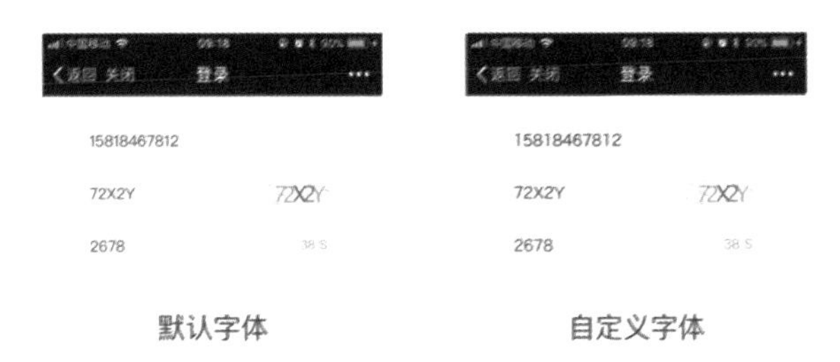

默认字体　　自定义字体

间距

当定义文字间距时，如果直接用文字本身来定义，很容易出现偏差，因为不同软件中不同字体的行高都是不一样的。

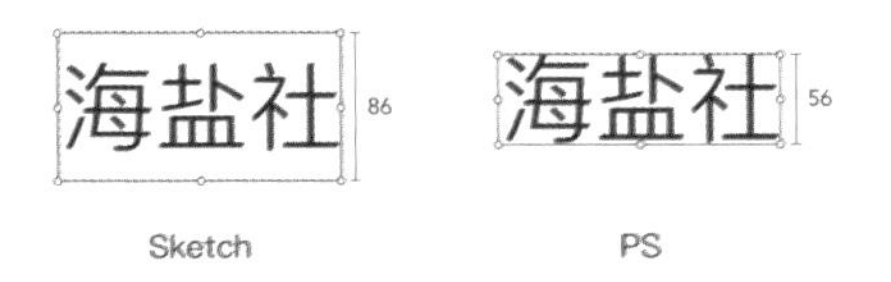

其次，当文字和图标组合出现的时候，如果以元素本身来定义上下间距的话，间距会因为元素本身大小的不同而不一样，如此一来间距就没有一个定值，没有定值就意味着同一个模块间距有好几种，标注起来也麻烦，而且容易出错。

其实有一个最简单的方法，就是用 cell 的形式，定一个固定的高度，内部的元素都在内部居中对齐。这样就不需要考虑文字和图标的高度不一样的情况了。

投影

参考真实世界的情况，物体的投影都带有物体本身的颜色。所以在制作投影的时候，可以采用图片叠加的方式，使投影更加通透、立体，也使得界面更有细节。

图片叠加投影

默认投影

从上图可以明显看出，左边的图片更有细节一点，不只是简单的投影。那么具体操作方法是什么?首先将图片复制一个置于下方，然后缩小一点，高斯模糊后叠加。

图片叠加投影　　默认投影

看到这里，可能就有人会说这样的效果好看是好看，但是没法落地，那其实我们可以变通一下。加投影的目的是为了让元素突出，让元素突出有两个方法，一个是元素本身突出；另外一个是周围其他元素减弱。

元素本身突出　　周围元素减弱

所以在实际落地的时候，我们可以只加默认的投影，但是去掉旁边两个元素的投影，通过减弱周围元素，起到突出自身的作用。

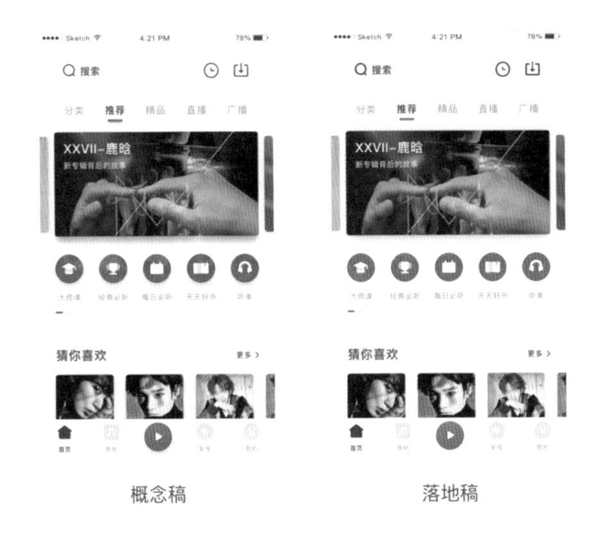

概念稿　　落地稿

增加修饰元素

增加修饰元素就是给页面增加细节，恰到好处的细节能让人觉得设计者是花费了心思在里面的，而不是随意摆放。

1. 卡片

卡片作为一种包容性的“容器”，它能将不同的信息很好地集合在一起，而且卡片一般占用面积比较大，如果只有简简单单的一个背景，很容易造成页面很空，没有细节。所以就需要给它添加一点恰如其分的小元素。例如下图叽里呱啦在卡片上加了卡通形象、圆点等修饰，使得卡片更丰富，更有细节；自如则在卡片上加了重力感应，倾斜手机，小元素会跟随运动，使得卡片更有趣味性。

叽里呱啦　　　　自如

例如下图网易有钱的银行卡就加入了 logo 的底纹，看起来就比京东金融的更有细节。其次，京东金融的银行卡信息与申办小白卡、小金卡相比，细节处理上也显得更弱一些，申办卡的背景上有一些小的修饰元素，增添了卡片的细节成分。

网易有钱　　　　京东金融

其实说来说去就是这些小的细节点，背景上加品牌元素，或者加一些没有什么实际意义的修饰元素。说起来很容易，做的时候需要特别注意分寸，不要太过了，过了就会显得花哨。

2. 轮播点

第二个例子是最常见的轮播点，旨在介绍方法，希望大家能举一反三。

说到轮播点，大家脑海中最先想到的样式肯定是几个小圆点，没选中的是灰色的，选中是白色的，如下图所示：

淘票票

虾米音乐

这样的方式没什么问题，能够满足产品的需求。但是我们可不可以在现有的基础上，再进行一些细节处理呢？例如把当前的选中状态做得更明显些。

优酷

再例如加上品牌色。

爱奇艺

方式有很多种，只要能够满足产品功能需求，不破坏用户的使用习惯，纯视觉上的修改都可以尝试。先发散思维、放飞自我，然后再去考虑落地时的情况。

就拿轮播点来说，它的主要作用是提示用户当前选中的是第几张图，以及一共有几张图，只要能满足这些功能就好，如 ENJOY 是以数字轮播。

ENJOY

画重点

细节决定成败，要想让自己做的界面更精致、更耐看、更有细节、更耐推敲，就需要我们在设计的时候从小处做起，例如文中所说的这几点：

（1）图标粗细、大小、圆角度、风格、修饰小元素保持一致；

（2）界面内所使用的辅助色要有规律可循，可通过定义辅助色来实现；

（3）渐变以及投影的角度要统一；

（4）页面分割方式要有规则可循，规则定好之后，其他界面都需要遵循该规则，例如模块内部的列表之间定的是用留白，那么其他界面相同模块都需要用留白；

（5）数字字体可定制特殊字体，和其他内容做一个区分，提高界面的视觉品质；

（6）涉及间距的时候，优先选用 cell；

（7）在设计中我们可以参考现实世界的投影方式，在图片下方叠加一层高斯模糊的图片，让投影更通透、更自然、更贴近真实环境；

（8）尝试在界面合适的位置增加恰到好处的细节，例如在卡片背景上以及轮播点上；

（9）作图的时候，要尽可能地还原线上真实效果，把设计稿当作线上完成稿来对待。

02　三招教你学会优化信息层级

文 / 姜正

信息层级的划分是我们日常设计工作中最容易被忽视的一环，优秀的信息层级划分能够准确传达信息，而信息层级划分不清的设计往往会给用户造成困扰，不能满足用户当下的需求，导致用户的流失。接下来我们一起看一下如何快速地优化信息层级。

梳理信息

为了能够有效地划分界面中的信息层级，我们首先要做的就是梳理信息，对页面内的信息先进行组织归纳，将同类信息或者关联性强的信息组织到一起。像个人信息页面中，姓名之后紧跟的是性别、出生年月日等诸如此类的信息。

网易云音乐

亲密性原则

当对页面内的信息完成梳理之后，我们会借鉴亲密性原则对信息进行设计。亲密性原则是由 Robin Williams 在《写给大家看的设计书》中所提到的，其中亲密性原则是指彼此相关的元素应当靠近，组织在一起。如果多个元素之间存在很强的亲密性，它们就会成为一个视觉单元，而不是多个孤立的元素。

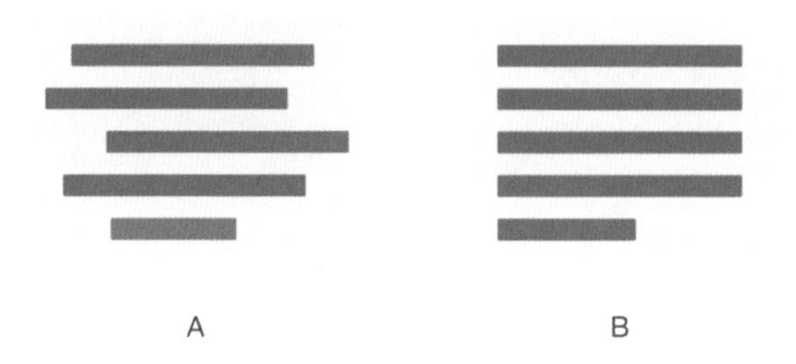

亲密性有助于信息的统一性，符合用户对同类信息顺延阅读的心智模型，减少了视觉混乱，为用户提供一个逻辑清晰的信息结构系统。

亲密性的根本目的在于实现“组织性”。我们需要将相同属性的信息组织在一起，为页面的内部建立起一个良好的信息浏览秩序，符合用户的阅读习惯，避免用户在浏览信息的时候耗费过多的精力或看不懂。这里我们以淘票票为例进行分析：

淘票票

通过上图，我们可以看出淘票票在电影的简介中将同属性的信息进行有序组织，使得界面看起来整齐有序，并符合用户自上而下、从左到右的阅读习惯。

对比原则

对比原则的核心思想是避免页面中的元素过于相似，我们需要通过对比的方法让页面上重要的元素能首先引起用户的注意，而不是页面整体都十分平庸，让用户感觉无从下手。（引自 Robin Williams 所著的《写给大家看的设计书》。）

对比是我们区分信息层级的重要手段，通过加强元素之间的对比来区分信息的主次关系。在处理信息的时候，我们通常会使用字重（粗细）、大小、色彩、字体四个维度进行对比。

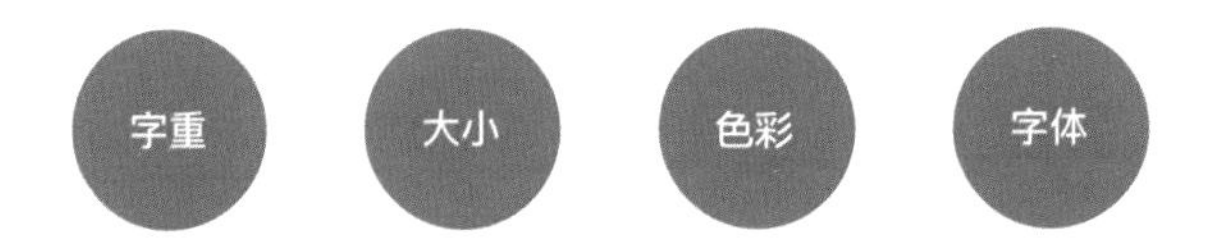

1. 字重对比

字重是我们在使用字体时经常考虑的一个变量，通过字体粗细的差异对比来区分信息之间的主次关系。

在设计中，我们要尽量选择字重丰富的字体，这样能够保证视觉的统一性，不会出现字形差异这种细节性的错误。例如，iOS 的官方字体苹方字体就含有丰富的字重，Ultralight、Thin 、Light、Regular、Medium、Semibold能够满足我们日常设计中的大部分需求，如下图所示：

通过字重的对比我们可以区别信息的优先级以及不同状态。例如我们常见的顶部导航栏，大部分都是通过字重的对比来区别选中状态和未选中状态，如下图所示：

LOFTER

LOFTER 顶部导航栏中，选中状态的字体会变粗，而未选中的字体没有变化，用户可以明显区分选中和未选中状态的区别，以及当前所处的位置。

2. 大小对比

大小对比是最直白的方式，面积大小的对比肉眼更加容易分辨，对比效果更加明显。因为“大”的文字信息更具有视觉冲击力，更容易被用户看到，信息等级自然也会高一些。例如，常见的大小标题的对比或者标题与辅助文案的对比，如下图所示：

淘票票

上图标题字体明显要比辅助文案字体大，信息层级明确，用户第一眼首先就能看到标题名称，其次才是辅助文案，这样符合用户的心智模型，不会给用户造成困扰。

3. 色彩对比

色彩性格鲜明，相对于无色相的黑白文字更加出彩，巧妙使用色彩可以更好地优化信息层级。

色彩的优势主要有两点：首先是色相鲜明，视觉冲击力较强，容易被人察觉；其次，我们可以利用色彩心理学传递一定的信息，例如在电商中经常用红色优惠标签显示出降价的紧迫感。

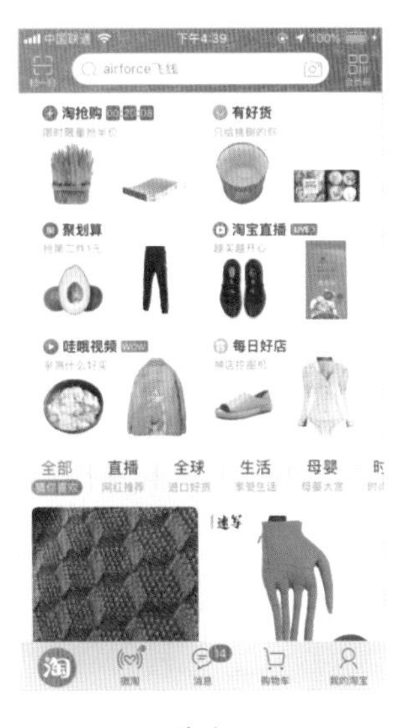

淘宝

色彩对比主要有两种处理方式：添加文字信息颜色和在文字信息后面添加背景色。通常在运营活动中，会采用将标题添加色彩的方式，用以凸显运营活动的重要性，并能够将标题与底部的辅助文案明显区别出来。

飞猪

给文字信息添加背景色最常见的使用场景就是标签。标签在日常使用中发挥着重要的作用，但是设计面积较小，通过色彩能够很好地凸显自己的层级，传递信息。

飞猪

4. 字体对比

经常使用的字体大致可分为无衬线体、衬线体和手写体。字体的对比是指通过不同类型的字体进行组合对比，利用不同字体字形之间的差异产生一定的视觉反差，来区分信息之间的主次关系。

例如，淘票票中“阿丽塔”使用的是手写体，而底部的辅助文案则使用了普通的黑体，通过两种不同类型的字体对比，我们可以清晰地分辨出信息之间的主次关系。

淘票票

视觉流

人类的视觉运动都是点到点跳跃式扫描而非平滑移动，Google 早期通过眼动仪观察用户在浏览界面内容时的视觉流呈 F形，而且越往下视觉注意力越少，如下图所示：

当我们在进行信息分类之后，可借鉴视觉流的原则，来审视自己的设计是否符合用户自左到右、自上到下的阅读习惯。

微信

画重点

（1）优秀的信息层级设计主次分明，能够准确传递设计中的信息，不会给用户造成困扰，从而带来优秀的用户体验。

（2）优化信息层级的用户体验主要有三步：首先进行信息梳理，将同类型的信息进行组织归纳；其次加强信息之间的对比，主要对比方式有字重对比、大小对比、色彩对比、字体对比；最后要注意信息设计符合用户的阅读习惯，即自上而下、从左到右的阅读顺序。

参考资料

三步优化界面信息层级，让用户找准重点 https://zhuanlan.zhihu.com/p/36648284

主体与层级关系第六节复盘——文字的层级关系 https://www.jianshu.com/p/f3996be4c7e7

03　四步教你提升表单设计的用户体验

文 / 姜正

优秀设计师和普通设计师的差异就是在于对细节的把控。以表单设计为例，大家可能觉得没什么值得深究，但一个优秀的表单设计能够帮助产品赢得更多的留存，提升用户的操作效率，为用户带来良好的感受。

表单设计的目的

表单作为最常见的组件之一，肩负着重要的作用。表单是产品与用户对话的主要途径之一，通过填写表单，产品可以收集到用户数据，并且用户可以通过填写表单来反馈自己对产品的建议。最常见的表单有调查问卷和进入 App 时的兴趣选择，例如下图，用户通过填写表单完成了自己对产品的反馈。

知乎

表单设计的作用

表单设计的主要作用是提高用户的填写效率。为了提高用户的填写效率，我们首先要做到就是挽留用户，让用户愿意花时间和精力去填写表单，所以表单设计的用户体验至关重要。接下来我们看一下通过哪几步能够有效提高表单的用户体验设计。

提升表单设计的4个关键步骤

1. 优化信息层级

首先我们需要做的就是优化信息层级，面对繁乱的信息，用户往往会不知所措，放弃当前任务的操作也是理所当然的事情。

对于优化信息层级，首先要做的就是对信息进行分类，通过亲密性的原则将相同类型的信息组合在一起，这样做符合用户对信息理解的心智模型，信息归类后填写起来也更加方便。

饿了么　　贝壳公寓

优化信息层级的最后一步就是对已分组的信息进行视觉层级的处理，通过颜色、大小、字体等视觉手段来区分它们的先后关系。通过对信息层级的视觉区分，能够有效地告诉用户它们之间前后的逻辑关系。

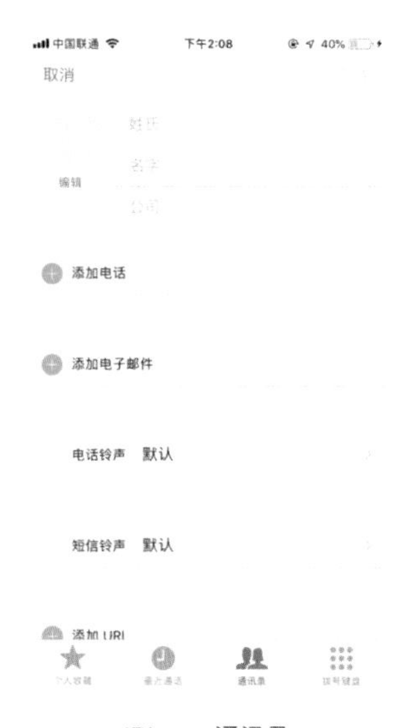

iPhone 通讯录

2. 为用户提供便捷的操作流程

为用户提供便捷的操作流程能够有效减少用户所耗费的时间和精力，投入少收益大，用户自然不会抗拒填写表单。

优化操作流程中要求我们站在用户的角度上去思考问题，如何为用户提供便捷的操作，成为提升表单用户体验设计的重要一步。最经常使用的两种方法就是“交互减步长”和“拆分步骤”。

1）交互减步长

在页面中减少交互路径，能够有效减少用户的操作成本。我们可以根据用户操作习惯进行预判，将一些重复性日常操作行为设计成“预设”，简化用户的操作行为。我们经常使用的充值页面为例：

微信充值

在充值页面中，将原来要手动录入的充值金额转换成点击卡片一键充值的形式，用户不需要像以前通过“点击 — 输入金额 — 确定 — 充值”这样漫长的步骤完成充值。

2）拆分步骤

简短的交互并不等同于优秀的用户体验，如果大量的信息出现在同一个页面内，用户首先遇到的难题就是需要辨别大量信息，其次就是在一个界面中进行让人感觉十分冗长的操作。

当面对信息量大且较为复杂的表单设计时，需要对其进行拆解，通过将含有大量信息的表单拆解成多个简单任务表单，将复杂的程序简单化。虽然这增加了交互的路径，但是被拆解的每个表单都将信息简化，用户可以快速录入，每完成一个子表单的录入，用户内心就会获得一定的成就感，继而激励用户完成所有的表单录入，如下图所示：

转转

转转的发布器将发布任务拆分多个子任务，用户通过对子表单进行录入，完成对整体表单的录入。这样虽然增加了表单录入的步骤，但每一步却足够简单，不会给用户造成困扰，最终提升了整体表单录入的用户体验。

3. 提供及时的状态反馈

当用户在进行表单录入的时候，及时的状态反馈能提高产品的容错率，并告诉用户当前所处的状态以及下一步应该怎么办。在表单录入的时候有两种常见的状态，一种是表单录入错误时的提示，另一种是表单录入正确时的提示。

1）错误提示

当录入错误的时候，我们需要善意地提醒用户当前的状态错误，并且详细地告诉用户哪一步出现了问题，解决方案是什么。例如京东的登录页面，用户在登录中往往会犯一些简单的错误，例如验证码输入错误或者密码强度过低等，这个时候及时的状态反馈能帮助用户修改这些错误，提高产品的容错率。

京东

2）正确提示

当用户录入正确的时候，我们需要给予用户操作成功的反馈，并鼓励和夸奖用户，使得用户获得成就感，有足够的动力继续使用产品或分享至其他平台，提高产品的留存。使用发布器发布成功的时候就是一个例子，如下图所示：

闲鱼

闲鱼中，当用户经过一系列表单的填写最终发布成功，产品会第一时间告知用户，用户获得成就感继而有动力分享到其他平台，提高了产品的曝光率。

4. 设计符合当前使用场景

表单设计符合用户当前的使用场景，能够增强用户的认同感，满足用户的情感需求，并且能够告诉用户当前所处的位置以及下一步应该怎么做。例如，我们在平时订咖啡外卖的时候，选择咖啡规格时都会展示一张精美的产品图，如下图所示：

Luckin coffee

通过精美的图片为用户营造更强的代入感，像是在咖啡馆里品尝一杯醇美咖啡，并且能告诉用户当前正在点一杯美式咖啡，用户可以按照自己的口味在规格列表中进行筛选，最终完成选择。

加分项：流畅的动效

流畅的动效无疑是表单设计的加分项，通过动效交互能增加表单切换的趣味性，并且能够让用户更加专注于当前的操作。动效还可以帮助表单设计更好地进行实时反馈，吸引用户的注意力。例如，我们在进行某项交互操作的时候会隐藏掉其他元素，用户就会更专注于当前操作；而完成这一项操作之后，会结合动效自动弹出其他选项供用户选择。

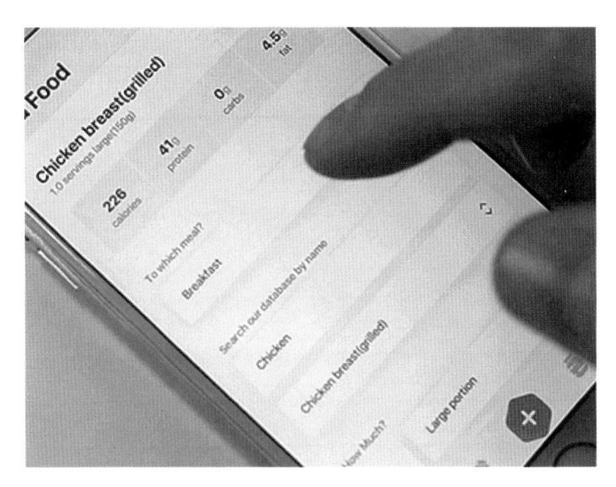

图片来源于Virgil Pana

画重点

（1）表单设计的重要性：表单设计是用户与产品对话的重要途径之一，优秀的表单设计能够帮助用户提高数据录入的效率、容错率，进而提高整个产品的用户留存。

（2）提升表单用户体验的四个关键步骤：首先是优化信息层级；其次是为用户提供便捷的操作流程，减少不必要的操作；再者，在录入表单的时候需要对用户的行为进行及时反馈；最后，表单设计应符合用户当前的使用场景，能够满足用户的情感需求。

（3）动效是表单设计的加分项，合理运用动效设计能够增加页面的趣味性，并且使用户更加专注于当前的操作。

参考资料

把一个表单设计到极致是怎样一种体验？ https://www.jianshu.com/p/06f1c20fde29

拒绝boring，一次表单设计探索 https://www.jianshu.com/p/8b06271adf16

04 怎么样的临摹才最有效

文 / 吴萌

在日常生活中如果我们要学习一项新的技能时，都会选择从模仿开始，模仿其他在这方面做得好的人。例如学美术时，刚开始很长一段时间都是去临摹大师的作品，模仿他们的画法，等到一定的阶段才开始写生，照着实物画。在写生时会不自觉用到临摹时积累的方法，遇到不会画的物品时，也会再回过头去临摹，循环往复，最终找到适合自己的风格。这个过程根据个人能力有长有短，但是每个人都必须经历无法避免。

在做 UI 的时候，我发现也和上述过程有很多异曲同工之处。前期都是需要去大量临摹好看的页面，然后记忆，形成条件反射，化为己用，再形成自我独特的风格。但很多新手在入行之初，完全忽略了这点，拿到原型之后，一味地想自我创新，页面布局、字体大小、间距等都没有深入去研究，完全凭着感觉来。这样做不好也实属正常。

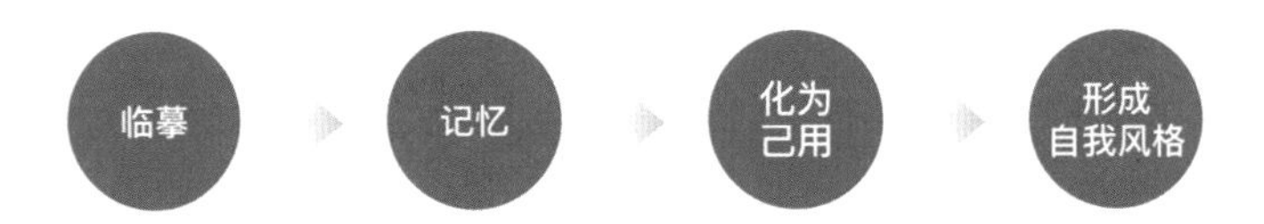

那怎么改善这一情况呢？我有一个自己的小办法：回归原始从临摹优秀作品开始，慢慢积累再形成自己的设计风格。

怎么找临摹素材

临摹最重要的就是找素材，素材的好坏直接影响到后期的效果。建议临摹线上 App，线上 App 的页面在落地前经过很多人的打磨，特别是那些大公司的 App，多去临摹并从中总结出规律所在。

京东金融　　　　ENJOY

临摹四步曲

很多人临摹的时候，总喜欢比照着原图进行“描摹”，但这样的成效有限，没有经过太多的思考。我建议可以描摹完之后再凭借记忆画一遍，画完之后再比照着原图进行修改。

在临摹时也需要有侧重点，可以先从图标开始，然后再扩展到布局、字号、间距等，逐个击破。之所以推荐从图标开始，是因为它是每个 App 中不可或缺的，画不好会直接导致页面不精细，没有细节，而画得好的话也能直接提升页面质感。

1. 图标

初期只需要单一地临摹图标，不过需要注意的是不要只临摹一两个，而要整套临摹，一两个图标看不出来整体性，而 UI 界面上的图标也是整套出现，不会单独存在。

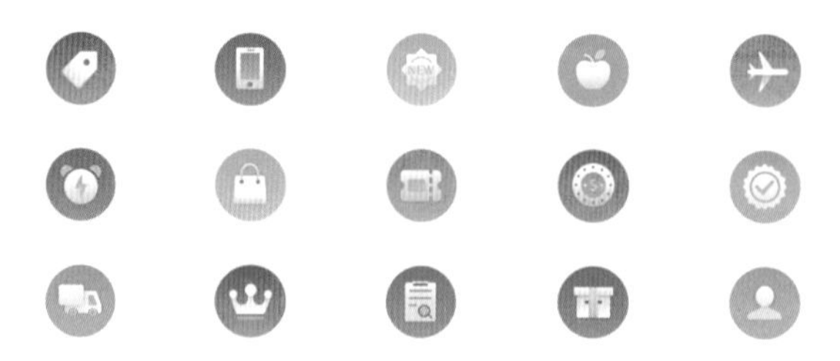

过程中也要有意识地找一些当前不会画的、和之前风格不一样的图标，扩展宽度以及转换思维，不要把自己限制在一个局限的空间里。

等手头功夫练到一定阶段的时候，再去和页面相结合。前期练手头功夫很重要，相当于打地基，单纯的临摹图标会让你更在意图标本身，如它们是否和原图一致，怎么画才最方便最快速等。

如果一开始就临摹一整个页面，就会过多地去关注页面，而忽略了图标的细节。举个例子，下图两个页面第一眼看到的肯定是整体的页面风格、调性怎么样，看完之后可能还会觉得这两个页面是一样的，没有区别。

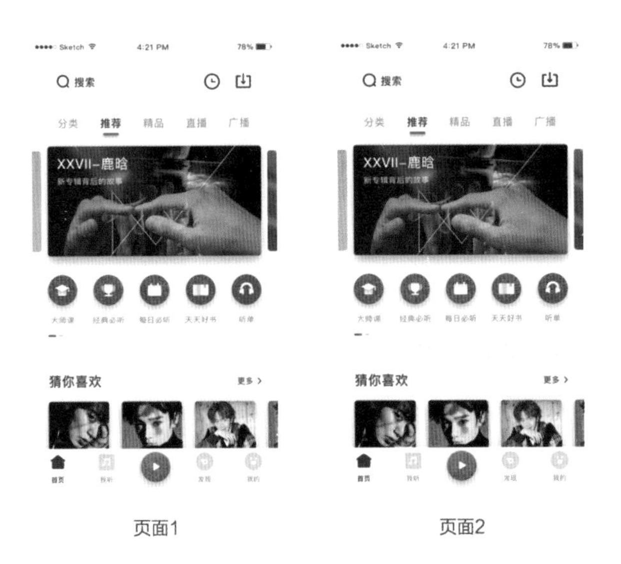

页面1　　页面2

但其实并不是，注意看一下导航栏上的图标，它们在细节上有很多不一样。页面1的3个图标描边粗细、大小都不一致。而页面2是调整后的，看起来整体统一很多。这些小细节在整体页面中很容易忽视，但是当把它们单拎出来时，就很容易发现问题所在了。

以上只是列举的一个小例子，在实际工作中还有很多，所以建议先临摹整套图标，把一整套图标放到一起，看看是否统一。

2. 页面

当第一步攻克的时候，就可以到下一步临摹整套页面了。去找几个线上的图标多的页面，最常见的就是个人中心页面以及视频类 App 的频道页。临摹整个页面时就要多去注意图标和页面风格是否一致、图标和字体是否匹配等。

京东金融　　陌陌

爱奇艺　　优酷

3. 分析总结

临摹完了之后，要学会总结。例如个人中心图标一般多大、配多大的文字以及颜色等，不然久了之后就都忘了，白临摹了。例如拿刚刚京东金融和陌陌的页面举例：京东金融是40×40px 的图标配32px 的文字，cell 的高度是100px（文中测量数值仅代表本人观点）。

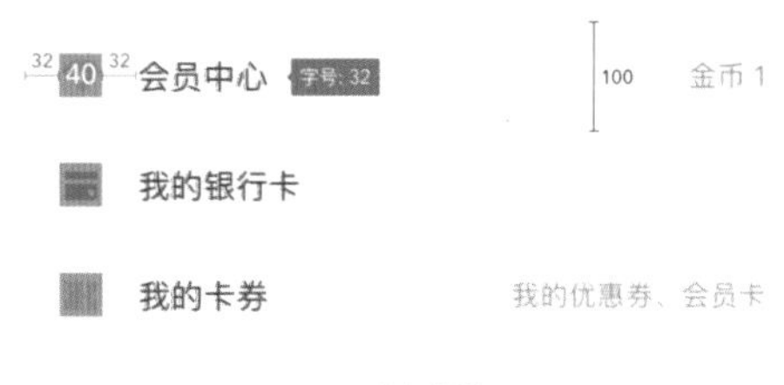

京东金融

而陌陌是48×48px的图标配36px 的文字，cell 的高度是100px。

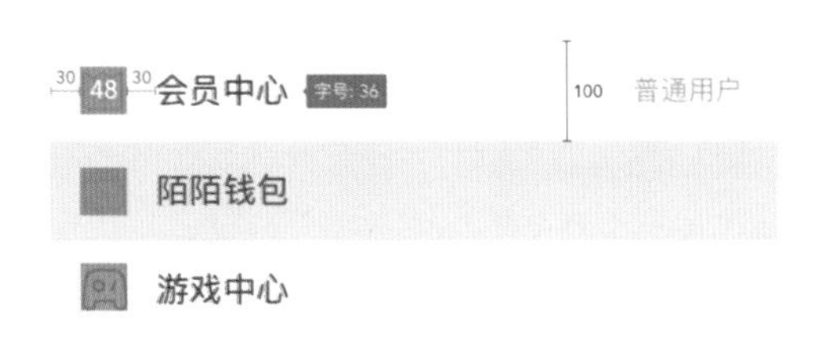

陌陌

再对比两个产品，你会发现虽然它们的字号和图标大小不一样，但是它们的 cell 高度都是100px，那下次自己做的时候就可以优先尝试 100px 的 cell 高度。这样等积累的素材够多时，自己再做页面的时候就心中有谱了。

再额外扩充一点，两个 App 中图标距离文字和图标距离页面边距是一样大的，一个都是32px，一个都是30px。

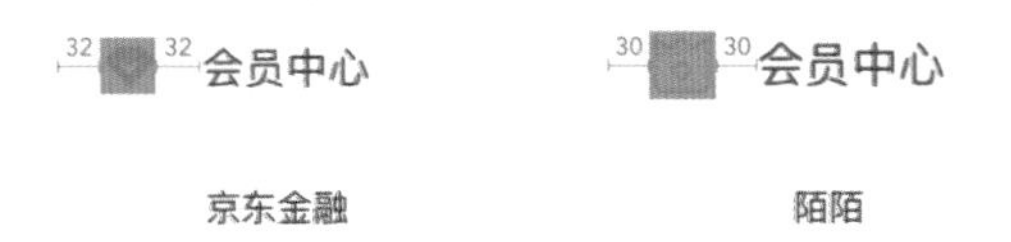

京东金融　　陌陌

按照我们正常的理解，肯定是图标距离文字更近点，为什么这两个 App 是一样的呢？是不是所有的 App 都是这样的？这个时候我们就可以再多去截图几个案例加以对比。如下图虾米音乐的间距一个是48px，一个是28px，图标到文字的距离小于页边距。

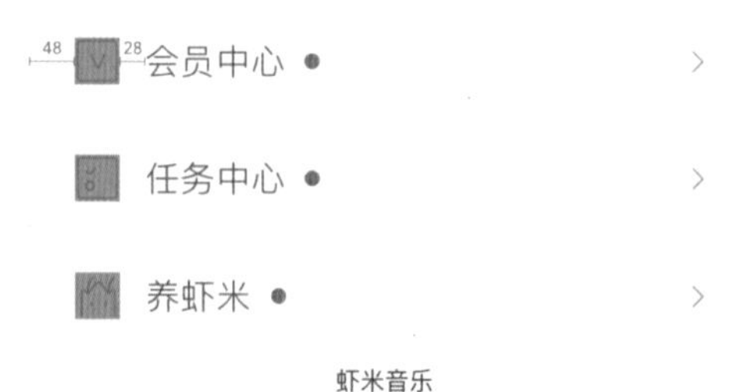

虾米音乐

得到的间距一个是36px，一个是28px，图标到文字的距离也小于页边距。

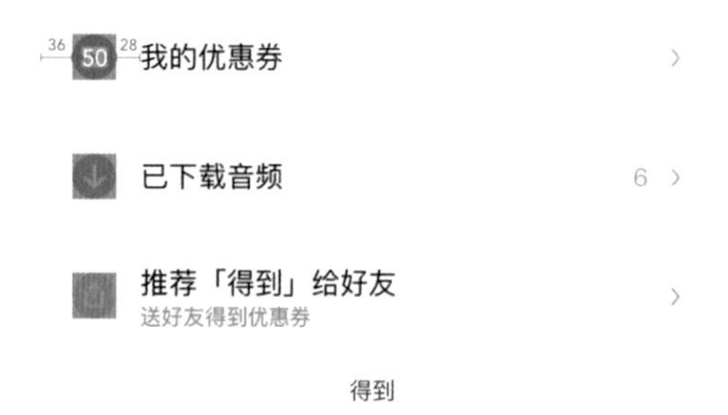

得到

那么就可以大致得出一个结论：图标到文字的距离小于或者等于页边距，而不能大于页边距。

在这里只是给大家提供一个思路，在临摹的时候遇到任何问题，觉得不对劲的地方，都可以再多去找几个App进行对比，从中找到规律所在。当这些规律是你自己总结出来的，而不是别人直接告诉你的时候，印象也会更加深刻。

4. 举一反三

1) 颜色

当总结完图标的大小以及间距、字体等之后，其实还有一个很关键的元素需要注意，那就是图标的颜色。颜色非常能体现一个 App 的气质，一套经典的配色能让人一眼认出来，而颜色最重要的一点就是需要和产品的调性相符合。如下图所示，作为金融类产品，京东金融配色就很稳重，而陌陌的配色就更年轻、活泼。

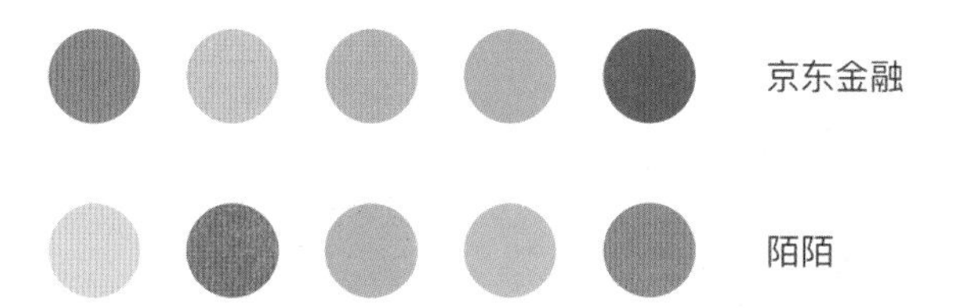

平时可以多积累几套配色，培养自己的色彩感觉。也可以尝试在临摹完一套图标的时候，重新给它们配一套颜色。你会发现当颜色改变的时候，图标整体的感觉也截然不同。

当然你也可以尝试用同一套配色去设计不同的图标造型，尽情去尝试你觉得想做的方向，你会发现很有意思。在这过程中你也会感悟到很多。

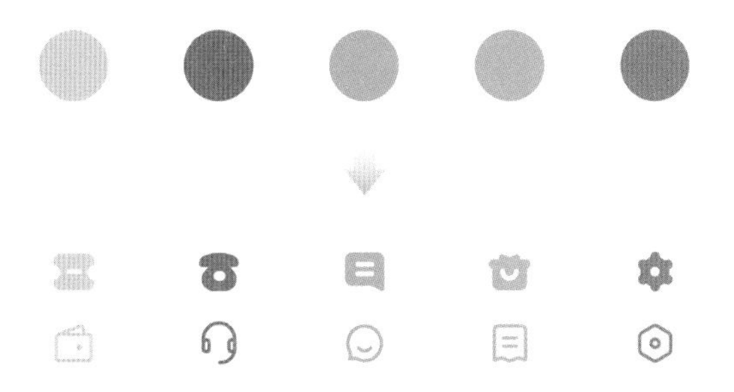

2) 概念稿

总是做一些线上的落地稿的时候，难免会限制自己的思维，所以我们需要做一些概念稿，放飞一下自我。例如在临摹完一张页面的时候，可以基于这个页面的功能自己重构一个，这样的好处是页面功能可以落地，同时也能锻炼自己的产品思维。

线上　　　　概念稿

画重点

工作得越久，越会发现 UI 是有规律可循的，只要平时你多注意、多积累，一步一个脚印，技法只要肯花时间都能学会。越到后面看的其实是思维方式，善于思考的人，总能从过往的经历里总结出一套方法论。

刚入行的读者也不要着急，先从临摹开始，从临摹一个图标到一整套图标、再到整个界面，慢慢循序渐进，总会有做好的那一天。

05 设计稿如何自查

文 / 吴萌

在设计过程中，设计师很容易陷入到某一个细节中，对其他细节和整体就忽视了。这个时候就需要在交稿前，对设计稿进行自查，把一些低级的错误扼杀在摇篮中。

自查内容大致分为两类，一是设计稿本身，二是与其他页面的统一性。在这里有个建议，当设计稿做完的时候，先搁置一段时间，稍后再检查。

设计稿本身

检查设计稿本身指的是就当前页面检查所存在的问题，错误包括没对齐、图标风格和大小不统一、间距过大过小、文字对比不明显、图片没有铺满等。

1. 对齐

页面上的元素必须有对齐的方式。左对齐、右对齐、居中对齐都可以，但一定要有明显的能被人一眼看出来的对齐方式，不然就会让人觉得页面上的元素是随意放置的。

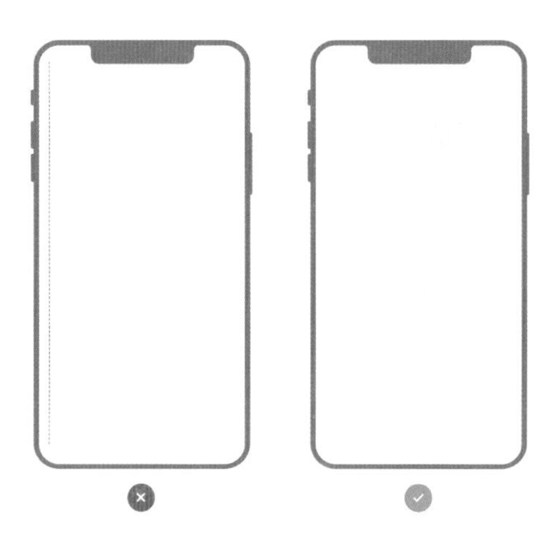

自查的时候首先要注意那些明显没对齐的地方。为了方便大家看清楚差别，所以示意图稍微夸张了点，实际大多是一两个像素没对齐。

2. 图标

1）风格

检查一下图标的风格是不是一样，例如面性的就都是面性的，线性的都是线性的。

2）大小

大小主要指的是图标在页面中的比例大小在视觉层面上是否合适，有些时候图标本身风格、样式都没什么问题，但就是跟页面其他元素相比太大或者太小了。还需要注意一点，物理大小一样不代表视觉大小也一致，优先满足视觉大小一致。

左边的图标单个看没什么问题，但和文字放一起，图标就显得整体大了很多，看起来极其不协调。而右边就看起来般配一点。

3. 间距

间距是用来区分层级的，间距的大与小或多或少会影响到这一点。正如《写给大家看的设计书》中所说的亲密性一样，区分层级的本质也就是区分亲密性，页面上间距最小的亲密性最强，属于同一层级；页面上间距最大的亲密性最弱，不属于同一层级。

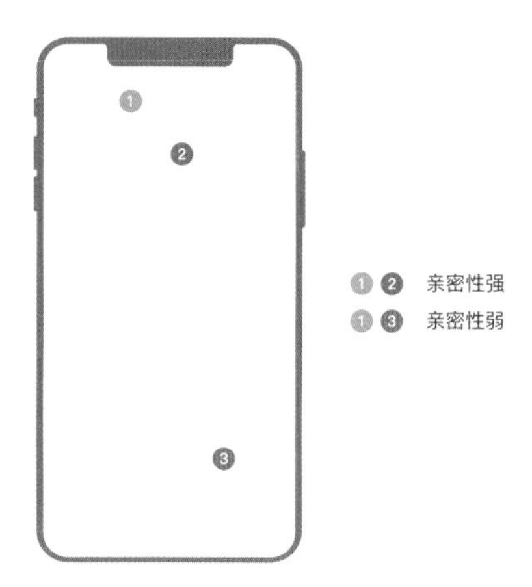

自查的时候需要着重看一下，信息层级是否区分开了，例如两个模块之间的间距一定要大于模块内部的间距。

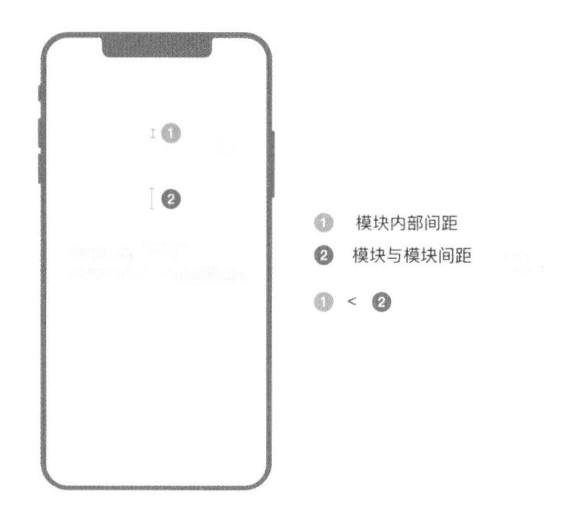

4. 对比

区分层级除了通过间距还可以通过对比，对比的方式、种类有很多种，这里就不一一展开了，只讲文字间的颜色对比。以讨论区为例，讨论区一般包含用户头像、昵称、时间、评论内容以及一些辅助的功能，如点赞、收藏、评论、回复等。

下图中喜马拉雅和网易新闻两者相比起来，就信息层级来说，网易新闻区分得更开一点，层级更明确。

喜马拉雅　　　　网易新闻

而去对比它们页面所使用的颜色，就可以发现，网易新闻的颜色对比度更大，对比度大，信息自然而然就更明显了。

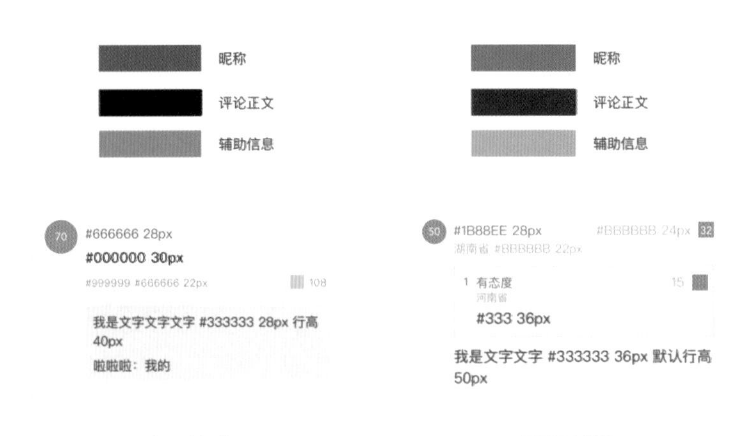

喜马拉雅　　　　网易新闻

我们在交付前设计自查时，就需要着重检查一下页面的信息是否区分开了，对比度是否合理。这一点算比较深层次的自查了，新手可能很难发现问题，这时候可以去寻求他人的帮忙。

5. 图片

在 Sketch 里，大家都是画一个矩形，然后和图片一起做成蒙版，但有时候会出现图片没有铺满整个矩形的情况，如下图所示：

图片来源于网络

有时候图片比较小（例如头像），手机预览的时候不容易被看到，所以在自查的时候最好把设计稿放大查看细节。

页面统一性

页面统一性指的是 App 整体的统一性，如输出的设计稿是否和之前统一，同时输出的几个页面是否统一等。这个时候就需要跳出单个页面，来看整体了。最容易出错的问题有：两个页面同一位置的元素位置出现偏移、分割线颜色不一样、按钮的圆角度不统一等。

1. 位置偏移

很多人做设计图的时候，都是计算机连着手机实时预览，预览软件在翻页的时候，是直接出现新的页面，不是那种一页一页翻的形式。所以当元素位置发生偏移的时候，纯靠手机预览很难发现。

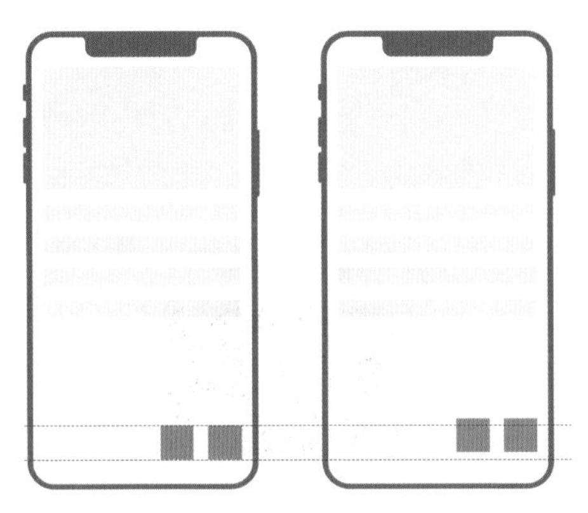

同一元素位置发生偏移

至于解决方案也很简单，只需要自查的时候，把所有图按照顺序导出，全部选中进行预览，这个时候页面元素偏移的话，在翻页过程中就会极其明显。发现有出错的地方，就重新修改再导出，直至没有问题为止。

2. 分割线

分割线也是一个极易出错的地方，特别是最开始做的时候没有定义分割线的颜色，随便用一个，后续觉得不好又改了，改得又不彻底，有些地方没改到。加上分割线颜色普遍偏浅，不仔细看很难发现。

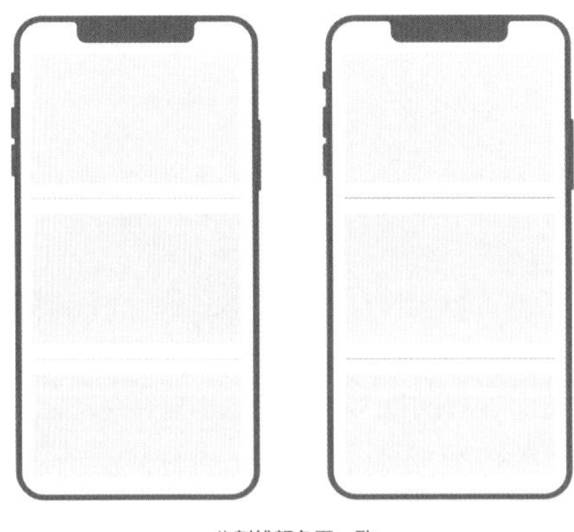

分割线颜色不一致

自查的时候这一项通过翻页预览发现后也能修改，不过还有一个更好的办法：从源头改变。前期把分割线都做成 Symbols，统一套用，后期自查的时候，只需要检查分割线是否用的是Symbols 即可，是的话颜色肯定是一样的。

3. 按钮圆角度

检查不同页面的按钮圆角度是否一致，不一致的地方要统一。定好规范之后，后续所有的页面都需要延续。

按钮圆角度不一样

画重点

在设计稿输出交付前，设计师需要对自己的设计稿先自查一遍，避免出现低级错误。不然这些错误每次都等别人发现，会影响你在团队中的形象。

自查主要分两个方面，一个是设计稿本身，需要注意页面元素对齐、图标风格和大小与页面整体搭配、间距要能体现亲密性、文字对比要明显；二是页面整体的统一性，需要注意的是避免出现同一元素在不同页面位置发生偏移、分割线颜色不统一、按钮的圆角度不统一等。

06 如何准备一份合格的作品集

文 / 付铂璎

作品集对于设计师是至关重要的，当我们另谋高就时，可能会出现以下的状况：没作品、没有线上的作品、还原度不够等，紧接着就是一味地抱怨诉苦，埋怨自己没有遇到好的平台，没有遇到一个重视设计的好老板，没有好的产品经理，没有可以实现自己设计的好开发者等，其实应该先从自己入手解决问题。

作品集准备周期要6个月？

我们可以回想下，每次身边人在问你有没有准备作品集时，是不是都有过类似的回答：“我还没打算换工作，等要换的时候再准备吧！”亦或是“现在手上的作品都不太满意，等我改到满意的时候再开始准备。”其实这些都是借口，我们对优秀作品集需要的时间的没有概念，才会一拖再拖。我们要清楚准备作品集就和期末考试一样，没有前半年的学习，只靠一两周的突击是不会有好成绩的。所以，我认为一个优秀作品集的准备周期最低要用半年的时间。接下来我会通过三点说明为什么我们要准备6个月。

1. 设计依据

准备作品集不仅要从平日的设计稿中挑选精品集合起来，还要对每一个我们自己觉得好的地方做出设计说明。因为面试官也会通过作品的内容提出很多专业性的问题，所以整理作品集的过程也是我们对项目再次认知的过程。通常我们会在界面附近加入一些设计依据和产品概述等文字，充分体现出自身对专业知识的理解和运用。对于作品集而言，创作作品时的调查研究过程与完成的作品本身同样重要，如下图所示：

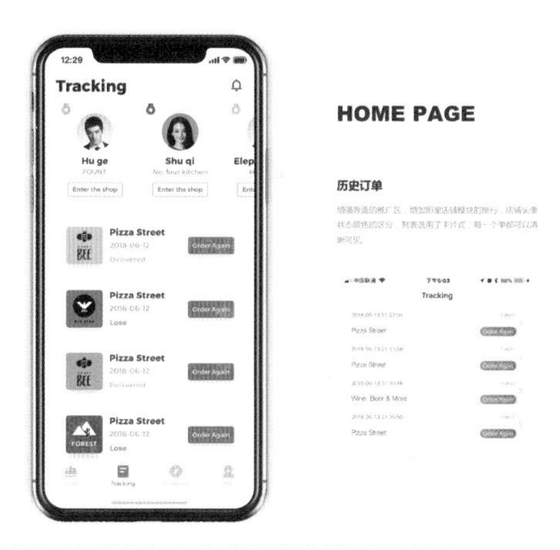

主要工作：掌握基本的设计理论，了解产品思路，可以完整并流畅地说出设计依据。为了体现表达的逻辑性，还需要提高文字的书写能力。

2. 反复更改

在整理作品集的时候，由于每套作品创作的时间周期不同，即便是自己的设计作品，也会因时间差导致设计质量的不同。所以，需要我们不定期进行维护来保证作品放入作品集后不会拉低整体的分数。对于维护的范围那就很广了，可以是目前的项目，也可以是之前的项目，甚至已经死掉的项目。如果你觉得这是你喜欢的或者是可以体现你想法的项目，就可以自己去优化迭代，变成自己的作品，如下图所示：

2017年设计的应用市场

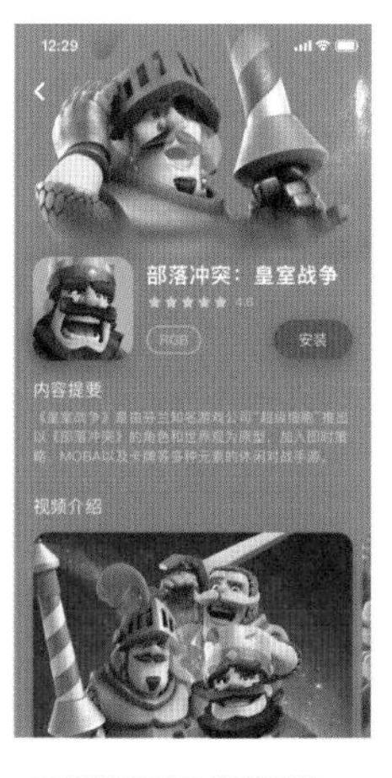

2018年设计的应用市场

主要工作：回顾往期项目需求，合理更改界面模块的内容，定期对已有界面进行更新维护。

3. 时间碎片化

了解上面两点后，可能有些人还是会认为半年的时间太久了。但是要知道的是，大部分人的作品集都是利用碎片化时间去做的，我们可以做道数学题求证一下，半年到底有多长时间是用来做作品集的。理想一点，我们每天抽出2个小时来整理作品集，180天大约需要360个小时，360 ÷ 24 = 15天，当然每天24小时作图不现实。我们再把时间分一下，一天8小时工作，360÷8=45天。所以看似准备半年的作品集，实际上我们也只用了45天而已。

拯救线上作品

很多人都抱怨过自己公司的项目不成熟，最终线上展示效果和设计图相差甚远等问题。几年过去后，作品集里依然没有线上稿的存在，只有自己的平日练习。线上稿的效果不佳一直以来都是很难解决的问题（大公司的部分应用除外），造成这一现象的因素太多。但是我们不能无所作为，我们要从自身改变。以下3点可以帮助你提升线上稿的效果，让作品集更完善。

1. 端正心态

认清自己的能力是至关重要的，我发现很多人平日里练习的设计稿都要比在公司的设计好很多，我自己也是一样。这是因为自己做的时候可以天马行空，还可以用漂亮的图片做搭配。后来我想明白了，这些都是客观的原因，主观原因是我们在做公司产品的设计时，无意间带上了“完成任务”的心态。可能很多人都觉得即便设计做得再好都不会有好的效果，所以没有全力以赴地做公司的产品，设计能力平平，长时间没有突破自我，只会严重影响自己的设计生涯。

总结：全力以赴地做公司产品，即便有时需求确实不合理，那么我们也要尽可能地在不合理的需求下做到好看。不要懒惰，一版不好就再来一版，只会越来越好。

2. 节省开发时间

当我们提出线上效果不好时，经常听到的原因是开发时间不够用，无法达到我们效果图的预期效果。可是，我们有没有思考过开发时间不够用的原因会不会和我们有直接关系呢？例如设计不合理、切图不规范、标注错乱等问题，增加了工程师的工作难度，导致开发效率降低。所以，我们必须有意识地在我们的职责范围内去解决本该属于我们的工作，来节省开发的时间。

例如，设计界面时，考虑不同机型的适配问题；标注清晰，有详细的备注说明；切图规范，学会给文件夹分类起名等，这些看似小的细节，却可以帮助工程师们大大提高工作效率，提高落地后的设计效果，如下图所示：

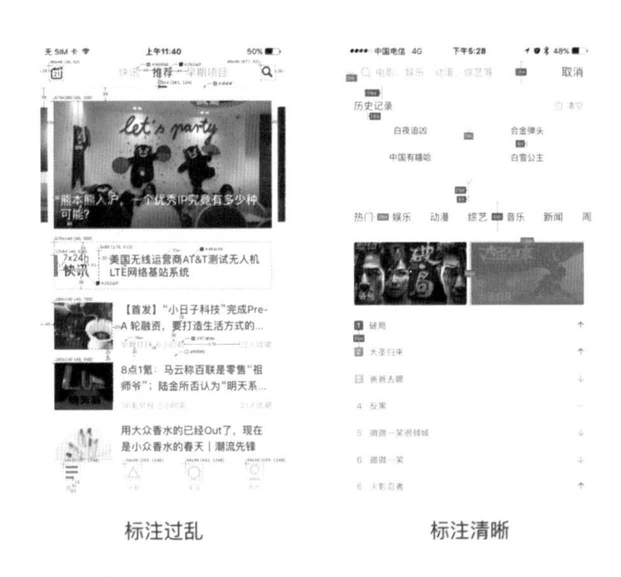

标注过乱　　　　标注清晰

总结：掌握各平台界面的适配问题，多站在开发人员的角度去思考问题，学习正确的标注和切图。

3. 制定设计规范

任何时候都不要小看规范的力量。刚刚上班的一段时间里，我不会做设计规范，有问题直接坐到工程师旁边指指点点，看似非常有效率，但这种方式的沟通成本是很大的。当面对多个工程师同时开发不同模块时，设计规范的作用就显得十分重要了。我们可以把工程师们组织起来，统一讲述我们的设计规范，让工程师在界面开发时有据可循。越清晰的设计规范越能减少我们的时间成本，同时界面的统一性也会越高。

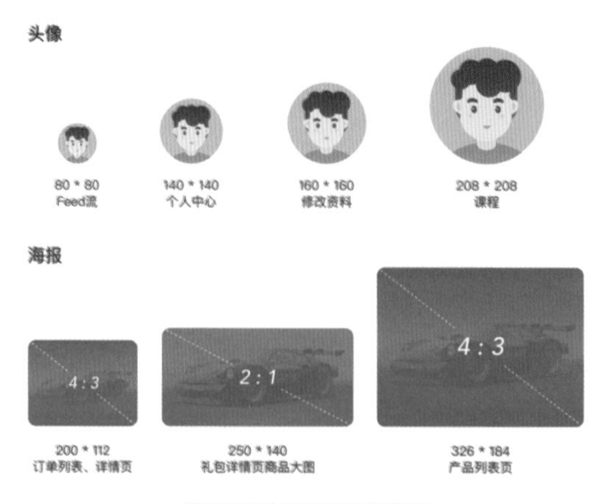

关于界面中的图片规范整理

总结：即便公司不给你留制作设计规范的时间，也要找业余时间去完成一套设计规范，哪怕非常简易，从长远看制作设计规范的时间也要小于日后的沟通时间。

改版思路

上面的三点都可以帮助我们优化线上稿。当然，凡事都有例外，所以我们不得不留有一招。那么，当线上产品无法进行优化时要怎么办呢？如下图所示：

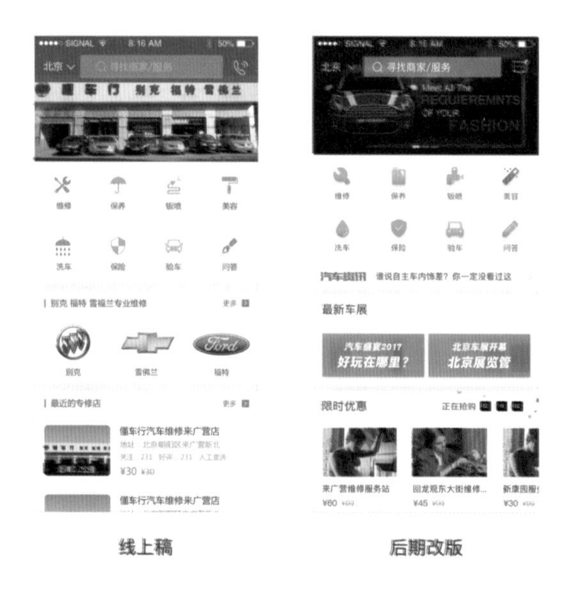

线上稿　　后期改版

简单来说，就是自己做改版。通过对业务需求的理解，改一版自己满意的设计稿，也可以将其放入你的作品集中。它可以体现你的专业素养、自我追求、执行力等多方面的素质。

画重点

作品集对于我们来说是一块敲门砖，是面试官考察设计能力、理论实践的重要标准。因此，我们必须要保证无论是在做什么设计都有一颗积极进取的心，每次都可以达到自己本该实现的效果。比起抱怨别人，还不如多思考一下如何对自己不满意的线上稿进行改版设计更实用。

07 如何输出一份完整的测试题

文 / 付铂璎

许多刚入行的设计师拿着公司发来的面试题一筹莫展，有些题觉得做得太差，需要重改；有些题觉得已经做得很好了，不需要改动，但也要去硬改。拿到面试题后我们到底该如何面对呢？考官的预期又是什么呢？下面结合个人经验来说说拿到面试题后的六个关键步骤。

竞品分析

知己知彼，才能百战不殆。当我们拿到面试题时，如果是线上产品改版，请务必下载该产品同类 App 中的佼佼者进行简易的竞品分析（考虑到竞品分析时间过长，所以可以选出几点来做对比分析即可）。如下图，如果改版的是一款资讯类 App，可以下载多个同类产品进行对比，如下图所示：

今日头条　　　　网易新闻

我们可以总结它们的图片比例是多少、标题和内容字号的差异、有哪些现在流行的功能（例如视频直播功能就是近两年才植入到资讯类 App 的）。除了通过对比线上优秀应用测试界面中存在哪些不足，还要了解同类 App 设计趋势，这样才能明确改版的方向和目的。

重点：竞品分析可以为我们提供改版思路和设计素材，竞品本身就是很好的参考。

整理界面模块的主次关系

接下来我们要对测试界面的布局模块进行主次排序。这一步很重要，因为相同的模块摆放到不同的位置其设计差别是很大的，我把自如的页面做了些变化当案例，同样是“租房情报局”模块，放在页面头屏和末屏的展示就是截然不同的。当然如果测试界面的主次关系本身就很明确，则不需要强行变动。

还有一种情况，就是极其不重要的模块该怎么办呢？我们可以将其进行弱化，选择隐藏到下拉菜单或弹窗中，但不可以随意去掉，确保改版后的界面不会为用户带来过大的学习成本，如下图所示：

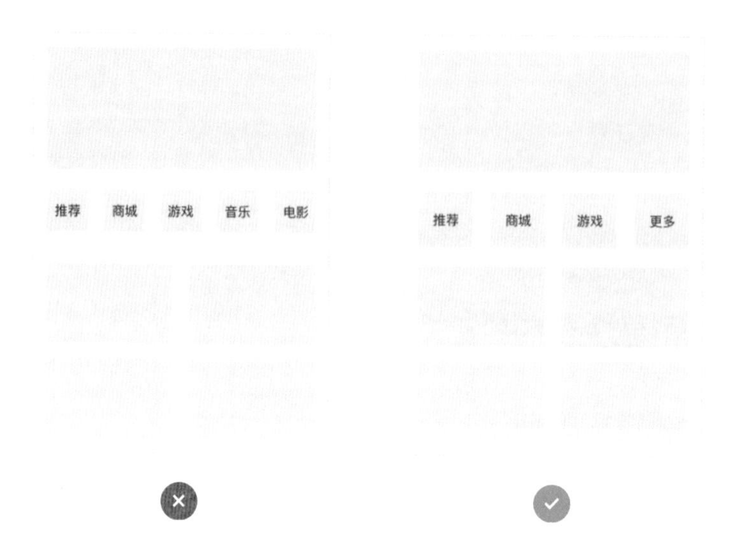

左侧测试界面中的分类为5个，如果就用户点击体验和界面效果而言，摆放4个刚好。如果起过了该怎么解决呢？不要直接去掉原有分类，可以增加一个“更多”选项把其他的分类隐藏掉。

规范界面内容

1. 字体的规范性

我们需要对面试题中的字体、字号和颜色进行统一归类，如下图所示：

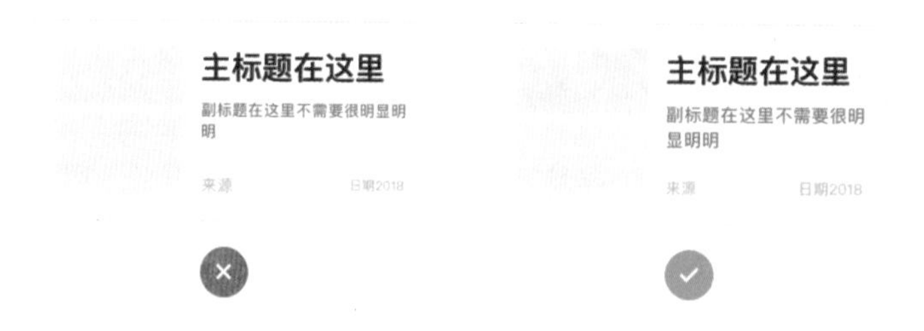

如果测试界面中的常规字号过多，用户在阅读时会感到很乱，同时主次差异变化也不大，所以我们需要整理测试界面的字号大小。

主标题在这里
副标题在这里不需要很明显副标题在这

主标题在这里
副标题在这里不需要很明显副标题在这

此外也要注意文字的层级问题，标题、内容、不重要文字、特殊文字等要规范化，该强调的要进行强调，该弱化的也绝不含糊（可以参考本书关于格式塔原理的解读），合理优化用户阅读文字时的体验。

2. 风格的一致性

风格一致是一个可大可小的问题，大到涉及整个页面的统一性，如页面整体风格为圆角弥漫效果或者是直角扁平化，不要一个页面内有多种风格的元素出现。

小到一个图标或一个控件样式的统一，例如页面中图标用的是线性图标（线性图标需要注意每个图标用线的粗细是否一致）还是面性图标（实心图标需要注意都是纯色图标还是渐变图标）等。额外提到一点就是图标的认知性，一定要设计简单易懂的图标，可以减少用户对图标的学习成本。

3. 颜色的统一

明确 App 的主色，如淘宝 logo 为橙色，界面的主色则为橙色；京东 logo 为红色，则界面主色为红色。我们在对测试界面进行改版时，需要先了解品牌颜色，再根据品牌色去选择对应的 App 主色，颜色最好不要变化过大，影响用户对 App 的品牌认知。

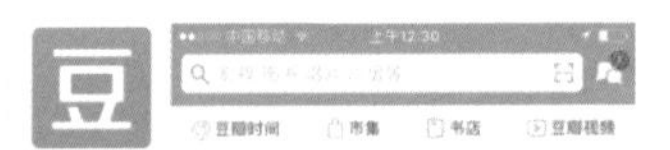

小范围改版

对于改版面试题可能很多同学认为改得面目全非才好，其实不然。真正的改版设计是要有真实的依据，如果是更改线上稿的设计，最好慎重更改，有些模块的用户体验本身就是极佳的，不需要做太多的改动，只要把其按自己的风格进行规范即可。举个例子，资讯类 App 首页目前通常都是以列表的形式展示，所以我们只要调整图片和文字所占页面的比例即可。

改版后　　改版前

改版说明

通常改版后会以邮件的形式发送回去，如果没有明确的改版说明，对方可能会觉得我们仅仅是为了视觉和个人偏好而更改，降低了改版后的可用性。所以在改版后，一定要对每一处更改进行说明标注，描述出自己的设计理念和思路，这样可以更加有效说服看稿人。总之，改版设计不可以只是凭感觉，要做到有理有据才可以。

得到App改版说明

模块中的icon旧版：
1.得整体层次上过于单调，没有突出的重点。
2.icon颜色饱和度过低，页面颜色不够活跃。

模块中的iCON新版：
1.改变iCON的样式，增加层次，强化细节
统一风格。
2.提升iCON颜色的饱和度，提高功能曝光度。

得到改版练习

集思广益

如果自己不能确定最终的改版是否成功，可以把改版后的方案和原图发给你身边的朋友。这里可以分为两部分群体：专业人士和非专业人士。专业人士可以很好地提供对界面设计上的建议，提高页面质量。非专业人士更像是你的用户群体，没有专业知识的偏见，可以仅仅凭借自己的体验做出判断，帮助你检查更改后的部分是否和更改初衷相吻合。

总结

互联网产品的节奏特点就像小步快跑，需要不断迭代优化，因此产品改版是家常便饭。通常的改版只要做好两件事即可：发现问题、解决问题。如果你的改版可以解决目前 App 存在的问题，你的改版就是成功的。所以，明确测试页面存在的问题才是大前提，切勿急于求成。

致谢

本书最终得以出版，首先我们要感谢所有读者朋友平时对海盐社文章提出宝贵建议，与我们分享不同的观点、看法。还要感谢海盐社的颜川、角马、feliam、李洋、阿肆、海舟、小火焰、QQQ、潘团子、焱小玖等所有成员，感谢大家与我们共同学习，为我们提供更多的思路和见解。感谢清华大学出版社所有的工作人员，本书的出版是大家共同努力的结果，在此向各位出版工作人员表示真诚的谢意。

由于本书中我们以一个新手设计师的视角进行论述，存在种种局限，书中还有诸多不足，还请读者朋友予以指正。